AF782944

NIKOLAUS FLAMEL

Chymische Werke

Der Verlag bedankt sich bei
Hans Thomas Hakl

Bibliografische Information der Deutschen Bibliothek.
Die Deutsche Bibliothek verzeichnet diese Publikation in der
Deutschen Nationalbibliografie; detaillierte bibliografische Daten
sind im Internet über http://dnb.ddb.de abrufbar.

Das Werk ist in allen seinen Teilen urheberrechtlich geschützt. Jede Verwertung ohne Zustimmung des Verlages ist unzulässig. Kein Teil des Werkes darf in irgend einer Form ohne schriftliche Genehmigung des Verlages übersetzt, reproduziert oder unter Verwendung elektronischer Systeme verarbeitet, vervielfältigt oder verbreitet werden.

Die Rechte an der Einleitung von Dr. H. T. Hakl liegen beim H·Frietsch Verlag.
Dieses Werk wurde in moderne Typografie übertragen und neu gesetzt. Typografie und Worte sind vorsichtig korrigiert und die Eigenheiten des Verfassers beibehalten.
Die Abbildungen wurden teilweise koloriert. Die Rechte an Typografie und Layout sowie an der Kolorierung liegen beim H·Frietsch Verlag.

Copyright ©
H·Frietsch Verlag – edition epoché – Gaggenau 2016
www.aagw-gnostika.de

Printet in Germany

978-3-937592-24-4

Herausgegeben von Wolfram Frietsch

NIKOLAUS FLAMEL

Chymische Werke

edition epoché

Inhaltsverzeichnis

Vorwort des Herausgebers

Der Name Nicholas oder Nikolaus Flamel war lange Jahre nur jenen bekannt, die sich unmittelbar mit Alchemie beschäftigten. Durch den ersten *Harry-Potter*-Band *Der Stein der Weisen* erlangte der Name internationale Berühmtheit. Davor wurde er bereits von Umberto Eco (*Das Foucaultsche Pendel*) und Mária Szepes (*Der Rote Löwe*) an zentraler Stelle erwähnt. Er steht für Unsterblichkeit, soll Flamel doch den sagenumwobenen Stein der Weisen gefunden haben. Mit Albus Dumbledore, dem legendären Schulleiter von Hogwarts, ist er befreundet. Die Autorin Joanne K. Rowling merkt in der Website www.pottermore.com zu Flamel an, dass dieser ihr im Traum erschienen sei und sie in seinem Laboratorium herumgeführt habe.

Angeregt durch diese legendäre Einführung Nikolaus Flamels in die öffentliche mediale Wahrnehmung entstanden weitere Bücher, ein Film, ein Comic und ein Videospiel, in denen Flamel Hauptfigur ist. All das hat mit der historischen Gestalt wenig zu tun. Flamel ist Medium für etwas anderes geworden, Projektionsfläche für Ideen und Vorstellungen von Autoren.

Der Ihnen hier vorliegende Band mit Originalschriften Nikolaus Flamels ist aber ein Medium anderer Art. Er führt Sie in die Anfänge alchemistischer Werke zurück, in eine Zeit, in der noch unverstellt und naiv mit alchemischen Formeln und Symbolen verbal „gespielt" und experimentiert wurde. Die Absicht und Hoffnung den Stein der Weisen zu finden, ist jener Ariadnefaden, der aus dem Gewirr einer oft widersprüchlichen Symbolsprache den Weg weist. Das Geheimnis Nikolaus Flamels ist offenbar gemacht durch seine und in seinen Schriften.

Dennoch bleibt es uns Lesern überlassen, dies zu erkennen. Wenn nach kritischer Prüfung lediglich Symbolik bleibt und das Gefühl, einen geistigen Weg zurückgelegt zu haben, dann kann man sich fragen, ob dies nicht die eigentliche Absicht des Alchemisten Nikolaus Flamel war. Doch hierzu sollte sein Werk gelesen und studiert werden. Auch aus diesem Grunde haben wir uns entschlossen, es neu aufzulegen, in moderner Typografie und mit einer lohnenden Einführung versehen.

Wolfram Frietsch

AUT TACEAT
QUI NON INTELLIGIT
AUT DISCAT
IGNIS.
AER.
TERRA.
AQUA.
Invidia
I P K

Nicholas Flamel

Paris, um die Mitte des vierzehnten Jahrhunderts: Ein in ärmlichen Verhältnissen aufgewachsener Schreiber von Urkunden erwirbt um den Preis von zwei Gulden ein sehr altes, vergoldetes Buch. Dabei erinnert er sich, dass er dieses Buch schon einmal im Traum gesehen hat. Ein ganz in Weiß gekleideter Engel hatte es ihm gezeigt und bereits angekündigt, dass er es nicht verstehen würde. Das Werk bestand aus 3 x 7 Blättern voll von geheimnisvollen Buchstaben und noch geheimnisvolleren Zeichnungen. Die Blätter waren nicht aus Papier und nicht aus Pergament, sondern aus feiner Rinde von jungen Bäumen. Eine Inschrift auf dem ersten Blatt bezeugte die Herkunft des Bandes: Abraham der Jude, Fürst, Priester und Levite. Tag und Nacht studiert jetzt unser Mann das mysteriöse Werk, das augenscheinlich von der alchimistischen Herstellung des Goldes handelt. Obwohl er manche Operationen versteht, fehlt ihm doch der endgültige Schlüssel und niemand kann ihm weiterhelfen.

Nach 21 Jahren mühevoller Versuche und nach Beratschlagung mit seiner Frau Petronelle begibt er sich endlich auf eine Pilgerfahrt zum Hl. Jakob nach Santiago de Compostela und hofft, dort Aufklärung zu erlangen. Doch erst auf der Rückreise nach Paris trifft er mit einem Magister Canches, einem gelehrten, zum Christentum übergetretenen Juden, zusammen. Dieser erkennt anhand von Kopien, die unser Schreiber mitführt, das geheimnisvolle Buch und beginnt sofort mit der Erklärung. Man beschließt, die Reise nach Paris gemeinsam zu machen. Leider wird Magister Canches während der Überfahrt auf dem Schiff krank und verstirbt etwas später. Unser Schreiber hat aber so viel auf der gemeinsamen Reise gelernt, dass ihm drei Jahre nach der Rückkehr gemeinsam mit seiner Frau die erste Metallverwandlung am 17. Januar 1382 gelingt.

Dreimal vollzieht er die Transmutation. Trotzdem bleibt er bei einem recht bescheidenen Lebenswandel. Seine Wohltätigkeit macht ihn allerdings berühmt. Vierzehn Hospitale, drei Kapellen soll er errichtet und sieben Kirchen renoviert haben. So steht es auf seinem Grabstein geschrieben. Und aus seinen Vermächtnissen sollen gar noch bis 1742 Spenden für Bedürftige geflossen sein.[1]

Zu allem ist er für jene Zeit sehr alt geworden und erst mit 87 Jahren gestorben. Der französische Arzt Paul Lucas, der drei Jahrhunderte später in den Orient reist, berichtet sogar von einem weisen Derwisch, der ihm mitgeteilt habe, dass Flamel mit seiner Gattin Petronelle noch immer in Ostindien lebte. Die Wunderkraft des Steins der Weisen würde eine Lebenszeit von tausend Jahren schenken. Neben seinen Schriften hinterlässt Flamel zur Belehrung der Nachwelt auch noch eine Reihe von bildlichen Darstellungen.

Vieles von diesem Lebenslauf berichtet Flamel selbst in seinem *Buch der Hieroglyphischen Figuren* und das ist auch genau der Stoff, aus dem alchimistische Legenden geschaffen sind. Die regelmäßig über die letzten Jahrhunderte wiederkehrenden Nachdrucke seiner Werke in mehreren Sprachen beweisen, wie stark die Vorstellungskraft der Menschen von dieser Geschichte gefesselt worden ist. Und nur wenige Alchimisten sind so berühmt geworden wie Flamel, der in beinahe jeder Geschichte der Alchimie einen Ehrenplatz einnimmt.[2]

Im Gegensatz zu vielen anderen bekannten Alchimisten, wie z.B. Basilius Valentinus, gibt es aber kaum einen Zweifel daran, dass Flamel tatsächlich gelebt hat. Ob er um 1330 nun in Paris selbst oder im benachbarten Pontoise geboren worden ist, bleibt umstritten, gestorben ist er in Paris zwischen 1417 und 1418. Sein Testament ist jedenfalls mit dem 22. November 1416 datiert.[3] Erhalten ist auch sein schon erwähnter Grabstein, der aus der Kirche Saint-Jacques-la-Boucherie stammt und heute im Cluny-Museum

1 Sh. Hermann Kopp, *Die Alchemie in Älterer und Neuerer Zeit* (Heidelberg, 1886), Erster Theil, 94.

2 Sogar ein Roman zur Erbauung der katholischen Jugend wurde über Flamel geschrieben. Sh. Henri Allorge, *Le secrét de Nicolas Flamel* (Paris, 1929).

3 Die Lebensdaten sind in allen wesentlichen alchimiegeschichtlichen Darstellungen nachzulesen. Die ersten „wissenschaftlichen" Untersuchungen zu Flamel im modernen Sinne stammen von Abbé Etienne F. Villain und sind in den beiden Büchern: *Histoire critique de Nicolas Flamel et de Pernelle sa femme, recueillie d'actes anciens qui justifient l'origine et la médiocrité du leur fortune contre les imputations des Alchimistes* (Paris, 1761) und *Essai d'une Historie de la paroisse de Saint Jacques de la Boucherie* (Paris, 1758) festgehalten. Dazu noch mehr im Laufe dieser Einleitung.

in Paris aufbewahrt wird.[4] Im französischen Nationalarchiv lassen sich auch leicht weitere Spuren von ihm finden.[5] Eine der herausragenden Gestalten aus dem Frankreich des vorigen Jahrhunderts, Albert Poisson, gibt in seinem in Sympathie recherchierten Buch *Nicolas Flamel*[6] z.B. eine ganze Chronologie von Flamels Leben. Eine noch ausführlichere Übersicht über Flamels Lebensdaten, die lobenswerterweise auch noch mit zeitgleichen historischen und künstlerischen Geschehnissen korreliert sind, findet sich in Gillette Zieglers Biographie.[7]

Mag auch Flamels Schreiberstube in der rue des Ecrivains nicht mehr stehen, so ist doch sein 1407 gebautes Haus „au Pignon" noch heute in der rue de Montmorency Nr. 51 zu sehen. Leider existiert der von ihm schon im Titel seines *Buches der Hieroglyphen* erwähnte „Kirchhof der Unschuldigen Kinder zu Paris", dessen Figuren Flamel in diesem Werk ja erklären will, gleichfalls nicht mehr. Die Abbildungen allerdings finden sich im vorliegenden Buch. Mehrere Flamel zeigende Statuen sind ebenso der Geschichte anheimgefallen. Und die von ihm erhalten gebliebenen Portraits aus dem Deutschland des 15. Jahrhunderts, sowie dasjenige von Rembrandt dürften auch kaum seine wahren Züge darstellen.

Trotz der vielen Zeugnisse hat es immer wieder Hermetiker gegeben, für die Flamels Lebensgeschichte kein faktischer Bericht, sondern eine bloße Allegorie für den alchimistischen Weg war. Der sicherlich berühmteste Alchimist des 20. Jahrhunderts, Fulcanelli, z.B. glaubt nicht an Flamels Wallfahrt nach Santiago de Compostela. Für ihn ist dessen Hinweg auf dem Lande eine symbolische Darstellung des sogenannten „Trockenen Weges" und die Rückkehr über das Meer eine solche des „Nassen Weges". Die „Pilgerfahrt nach Compostela" muss nach Fulcanelli jeder Alchimist machen, darf aber dabei keine Sekunde sein Labor verlassen. Denn unter der Pilgerfahrt würden die Eingeweihten nichts anderes als

---

4 Abbildungen davon finden sich in Titus Burckhardt, *Alchemie* (Olten, 1960), 201 und in Nicolas Flamel, *Les Oeuvres* (Paris, 1973), 24.
5 Sh. dazu auch Gilette Ziegler, *Nicolas Flamel* (Paris, 1971), 16ff., wo von seinem Bruder Jehan Flamel die Rede ist, der beim berühmten Duc de Berry Sekretär war.
6 Paris, 1893; Nachdruck: Paris, 1981, 146f.
7 252–257. Sh. Fußnote 5.

die Bereitung der Materia prima oder des gemeinen Mercurius verstehen. Diese Operation sei vollendet, wenn sich an der Oberfläche der bearbeiteten Materie ein glänzender Stern zeige, wobei Fulcanelli auf das „stella“ = lat. Stern von Compo-stela verweist. „Compos“ ist das lateinische „teilhaftig sein“. Fulcanelli weist dabei auf einen anderen berühmten Alchimisten hin, nämlich Raimundus Lullus, der 1267 ebenfalls eine Pilgerfahrt nach „Compostela“ gemacht habe.[8] Des weiteren macht er darauf aufmerksam, dass sich Flamel immer als Pilger (wohl durch die chymischen Prozesse) abbilden ließ, wobei in einem Fall seine Mütze in den Farben schwarz, weiß, rot gehalten ist. Und das sind bekanntlich die Farben der drei alchmistischen Phasen.

Nicholas Flamel selbst sieht er als Symbol für den Mercurius der Philosophen. Nicholas trennt er in die griechischen Wörter nike = Sieg und laos = Stein, insgesamt also Sieger über den Stein. Flamel leitet er wiederum vom lateinischen flamma = Flamme ab, was auf die feurige und koagulierende Eigenschaft der bereiteten Materie anspielt. Den Namen von Flamels Lehrmeister, des Juden Magister Canches, führt er auf das griechische Wort kagkanos = trocken und das lateinische Wort candens = von der Hitze glühend, glänzend weiß, zurück, was darauf schließen lasse, dass Magister Canches den „weißen Schwefel“ repräsentiere. Seinen Tod bringt er mit der mortificatio, der hermetischen Abtötung, in Zusammenhang. Orléans, wo Flamel und Canches wieder an Land gingen, wo also der „Nasse Weg“ zu Ende war, deutet er wiederum in seiner eigenartigen lautmalerischen „Etymologie“ als das französische „or èst là“ = Gold ist dort. So geht das über mehrere Seiten hinweg, angereichert mit einer Fülle an laborantischen Details. Dabei wirft er den meisten anderen Alchimisten vor – darunter auch Albert Poisson – die symbolhaften Darstellungen einfach wortwörtlich genommen zu haben.

Fulcanellis bekanntester Schüler (wenn auch nach wie vor sehr umstritten ist, wer Fulcanelli überhaupt war und in letzter Zeit mehrere Bücher erschienen, die dieser Frage nachgingen), nämlich Eugène Canseliet, vertraut natürlich seinem Lehrer und spricht von

8 Sh. Fulcanelli, *Les Demeures philosophales* (Paris, 1965), Bd. I, 312ff.

der „unleugbaren Esoterik“ der Biographie.[9] Andererseits nimmt er Albert Poisson in Schutz, der sich als erster der historischen Erforschung Flamels unter Berücksichtigung auch hermetisch-alchimistischer Gesichtspunkte annimmt, nachdem bis dahin nur die zwar äußerst detailreichen, aber sehr parteiisch gegen Flamel gerichteten Schriften des Abbé Villain[10] aus den Jahren 1758 und 1761 vorhanden waren.

Abbé Villain hatte als guter Christ und Pfarrer einer Kirche, die Flamel große Schenkungen verdankte, nachzuweisen versucht, dass dieser gar nicht so übermäßig reich gewesen war und auch sein Testament nicht über das eines anderen wohlhabenden Bürgers der damaligen Zeit hinausging. Damit wollte er im guten Glauben einen Wohltäter seiner Gemeinde von dem schwerwiegenden Vorwurf der Alchimie freiwaschen. Selbst ein so objektiver Beobachter wie Jacques van Lennep weist in seinem hervorragenden Werk über die hermetische Bilderkunst[11] auf die Einseitigkeit von Villains Untersuchung hin. Abgesehen davon war es zur damaligen Zeit und ist es auch heute noch sehr schwierig festzulegen, welchen Wert die von Villain akribisch durch Dokumente belegten Geldsummen Flamels damals tatsächlich gehabt haben.

Das Vermögen scheint aber nach letzten Untersuchungen doch sehr erheblich gewesen zu sein.[12] Ein Satz aus einem Antwortbrief des Abbé Villain auf Vorhaltungen, dass seine Biographie nicht den Tatsachen entspräche und die vom heute noch sehr geschätzten Alchimisten, Kirchenmann und Bibliothekar König Friedrichs des Großen in Berlin, Dom Antoine Joseph de Pernety stammten, charakterisiert aber vielleicht Villains Bestrebungen besser als viele Beteuerungen. Villain schreibt nämlich: „Ein heiliger Mann (wie Nicholas Flamel), Urheber so vieler frommer Werke, hätte niemals vermocht, eine so schwerwiegend unrechte Handlung wie die hermetische Einweihung zu begehen und sich mit der Hölle einzulassen“[13].

---

9 In der uns vorliegenden italienischen Ausgabe von Nicolas Flamel, *Il Libro delle Figure Geroglifiche* (Rom, 1986), 21.
10 Sh. dazu Fußnote 3.
11 Sh. J. van Lennep, *Art et Alchimie* (Bruxelles, 1966), 172ff.
12 Sh. Claude Gagnon, *Nicolas Flamel sous investigation* (Quebec, 1994), 122.
13 Zitiert nach Nicolas Flamel, *Il Libro delle Figure Geroglifiche*, a.a.O., 23 aus der Vorrede von E. Canséliet.

Aber nicht nur Abbé Villain hat sich mit der Herkunft des wie groß auch immer gewesenen Vermögens Flamels beschäftigt. Es gibt viel bösere Stimmen dazu. Der bekannte Chemiehistoriker Ferdinand Hoefer behauptet in seinem zweibändigen Klassiker *Histoire de la Chimie*[14] sogar, dass Flamel durch Unterschlagung jüdischen Vermögens reich geworden sei. Die in seiner Nachbarschaft lebenden Juden hätten ihm nämlich bei den damals häufigen Vertreibungen und damit verbundenen Konfiskationen ihr Vermögen anvertraut. Die Mehrzahl sei aber dann im Exil gestorben und Nicholas Flamel hätte sich die Güter einfach angeeignet. Andere Vorwürfe gehen dahin, dass er sich in den von den vertriebenen Juden verlassenen Häusern herumgetrieben und ihre dort verborgenen Schätze gestohlen hätte. Vorwürfe, die auf den Alchimistenfeind Gabriel Naudé zurückgehen könnten, der mit seiner bekannten „Aufklärungsschrift" *Instruction à la France sur la verité de l'histoire des Frères de la Rose-Croix*[15] auch gegen die Rosenkreuzer zu Felde zog.

Arthur Edward Waite, Mitglied des Ordens der Goldenen Dämmerung (Golden Dawn) und vielzitierter esoterischer Historiker, schreibt dazu in seinem *Lives of Alchymistical Philosphers*[16], dass sich diese Vorwürfe bei genauerer Betrachtung in Nichts auflösen. Denn zur Lebenszeit Flamels habe es nur drei Judenvertreibungen in Paris gegeben. Aber da sei Flamel entweder noch zu jung gewesen oder die Juden hätten ihr Vermögen behalten dürfen und nur wegziehen müssen. Waite erzählt in diesem Zusammenhang noch eine interessante Geschichte, die ebenfalls zum Ruhme Flamels beitrug. Flamel habe einem Neffen seiner Frau Petronelle etwas von seinem Transmutationspulver überlassen. Der hätte es ungenutzt an seinen Sohn weitervererbt. Nachdem auch dieser gestorben war, fand es dessen Enkel Dubois wiederum im Nachlass. Er zeigte das Pulver freizügig herum, worauf er bald vor den König Ludwig XIII. geführt wurde. Vor dessen Augen hätte er dann gewöhnliches Metall in Gold verwandelt. In seiner Eitelkeit versprach er nun, auch selbst das Pulver herstellen zu können, was ihm natürlich nicht gelang. Da der König daraufhin annahm, dass

14 Paris, 1866, Nachdruck (Paris, 1980), Bd. I, 458.
15 Paris, 1623.
16 London, 1888, 113f.

er ihm sein Geheimnis vorenthalten wolle, wurde Dubois schließlich gehängt. Geschichten dieser Art führten dazu, dass nach dem Tode Flamels immer wieder Leute in sein Wohnhaus eindrangen und alles genauestens durchsuchten. Schlussendlich blieb kaum ein Stein auf dem anderen und das Gebäude wurde fast völlig zerstört. Noch 1756, also fast 350 Jahre nach Flamels Tod, gab ein Fremder vor, von einem verstorbenen Freund Geld bekommen zu haben, um das Haus wieder zu restaurieren. Der wahre Grund aber war, dass sich dieser Fremde einen ungestörten Zugang verschaffen wollte, um das Gebäude noch gründlicher durchsuchen zu können. Als sich seine Suche als erfolglos herausstellte, verschwand der Mann, natürlich ohne etwas restauriert oder bezahlt zu haben.[17]

Neben den missgünstigen Theorien zum Reichtum Flamels gibt es auch durchaus leidenschaftslosere wie die von Louis Figuier[18], der darauf hinweist, dass vor der Erfindung der Druckkunst der Beruf des Schreibers ein sehr lohnender gewesen sei. Zusätzlich sei Flamel noch an der Universität vereidigter Bücherexperte gewesen, was ebenfalls ein ansehnliches Einkommen bedeutet hätte.

In dem Werk *Alchemie*[19] von Helmut Gebelein, das in dankenswerter Weise einen Gesamtüberblick gibt und naturwissenschaftliche ebenso wie künstlerische und historische Querverbindungen aufzeigt, legt der Autor eine weitere These vor. Im Besitz der alchimieinteressierten Blanche von Navarra, Gattin des französischen Königs Philipp VI., hätte sich angeblich ein überaus wertvolles alchimistisches Werk aus dem 14. Jahrhundert befunden, das auf eine alte Handschrift zurückging. Gleichzeitig soll sie eine Gönnerin Flamels gewesen sein. War Blanches Buch eine Abschrift des mysteriösen Baumrindenbuches von Flamel?

Kurt K. Doberer[20] wiederum macht auf einen alten Ratschlag des frühen Alchimisten Zosimos aufmerksam, der den erfolglosen Goldmachern riet, sich eine reiche Frau zu nehmen. Flamel war

---

17 Sh. Nicholas Flamel, *Oeuvres*, a.a.O., 27f. aus der Einführung von Elie-Charles Flamand.
18 Sh. sein Buch *L'Alchimie et les alchimistes* (Paris, 1860). Hier zitiert nach G. Ziegler, *N. Flamel*, a.a.O., 148.
19 München, 1991, 158.
20 Sh. sein Buch *Die Goldmacher* (München, 1987), 74.

tatsächlich schon 42 Jahre alt als er sich nach seinen eigenen Angaben zur Liebesheirat mit Petronelle entschloss. Wie Doberer allerdings lakonisch meint, seien die dazu erhaltenen Akten etwas pietätsloser. Nicholas Flamel sei bereits Petronelles dritter Mann gewesen und sie hätte in diese neue Ehe die vereinten Vermögen der beiden Vorgänger mit eingebracht. Wie es auch immer gewesen sein mag, eines scheint festzustehen: Die unglaubliche Faszination, die Flamel auf die Nachwelt ausgeübt hat, dürfte wenig mit den spirituellen Inhalten seiner Werke und viel mit seinem Reichtum zu tun haben. Es lebe die Jungfrau Alchymia!

Diese Faszination eben, die Flamel zu einem der bestdokumentierten „Alchimisten" des Mittelalters macht, setzt sich bis zum heutigen Tage fort und hat vielleicht sogar die nüchterne Wissenschaft zu ausgedehnten Forschungen und detailreich kommentierten, kritischen Ausgaben seiner Werke angeregt. Erwähnt sei unter anderem Laurinda Dixons Ausgabe von *The Booke of the Hieroglyphicall Figures of Nicholas Flamel* im Rahmen der universitären *English Renaissance Hermeticism* Bücherreihe[21]. Dixon sieht den Ursprung von Flamels Reichtum ebenfalls in gut bezahlter Arbeit und in der Heirat mit Petronelle. Da kein einziges der doch zahlreichen zeitgenössischen Dokumente zu Flamels Leben irgendwie von Alchimie, Pharmazie oder Medizin oder von einer Ausbildung spricht, die über die eines Schreibers und Notars hinausgeht, könnte es zwar möglich sein, dass er sich am Rande mit hermetischen Wissenschaften beschäftigt hat, aber seinen Ruf als großer Alchimist und gar unsterblicher Adept sieht Dixon als eine Erfindung des 17. Jahrhunderts an. Dazu kommt noch, dass, wie Dixon schreibt, eine kabbalistische Bilderwelt für das 17. Jahrhundert bei weitem charakteristischer war als für das 14., wo eine allzu große Sympathie für das Judentum nicht sehr geschäftsfördernd war.[22]

Das führt uns wieder zu der bereits kurz erwähnten, umfangreichen und auch in Seitenaspekten gründlich recherchierten Untersuchung von Claude Gagnon *Flamel, sous investigation*, die ebenfalls eine mit wissenschaftlichem Kommentar versehene Ausgabe

21 Nicolas Flamel, *His Exposition of the Hieroglyphical Figures (1624)* (New York, London) 1994.
22 A.a.O., XVII.

der *Hieroglyphischen Figuren* enthält. Über die letzten Jahre hatte Gagnon ja bereits mehrere Aufsätze über Flamel publiziert.[23] Seine Überzeugung sieht man sofort. Schon der dritte Absatz seines Buches beginnt mit dem Satz: „Also, *Das Buch der Hieroglyphischen Figuren* ist eine Fälschung“. Dazu muss man wissen, dass dieses Buch zum ersten Mal in Erscheinung tritt, als es 1612, d.h. fast zwei Jahrhunderte nach Flamels Tod, angeblich vom „Übersetzer“ Pierre Arnauld de la Chevallerie, Sieur de Poitou, herausgegeben wurde. Eine lateinische Urfassung wurde aber bis zum heutigen Tag nicht gefunden. Gagnon hat nun versucht, von diesem Arnauld de la Chevallerie irgendwelche Spuren zu finden, was angesichts recht zahlreicher, für diese Zeit bestehender Quellen, wie Bibliographien und Genealogien, gar nicht so aussichtslos ist, wie man glauben könnte. Spuren, z.B. in Richtung weiterer Bücher oder Übersetzungen fanden sich indessen ganz und gar nicht. Was Gagnon allerdings herausfand, war, dass ein gewisser Francois Béroald de Verville 1582 eine Satire über Flamel geschrieben hatte, wobei dessen Name hinter einem Anagramm, also einer Buchstabenumstellung nach kabbalistischer Manier, versteckt war. Nun ist Arnauld de la Chevallerie ebenfalls ein Anagramm und zwar von Béroald de Verville, was natürlich sehr nahelegt, dass Béroald auch der Autor der *Hieroglyphischen Figuren* ist.

Das Interesse des Béroald für die Hermetik ist bekannt, so geht z.B. auch die französische Übersetzung eines der nicht nur berühmtesten, sondern auch schönsten hermetischen Bücher der Renaissance, nämlich der *Hypnerotomachia Poliphili* (Traum des Poliphilus) auf ihn zurück. Dazu kommt noch, dass bestimmte, sonst nirgends findbare Stilmuster der *Hieroglyphischen Figuren* auch in einem Werk auftauchen, das fast zweifelsfrei dem Béroald zugeschrieben werden kann. Text- und Inhaltsteile der Hieroglyphischen Figuren konnte Gagnon dazu noch in alchimistischen Traktatsammlungen des ausgehenden 16. und beginnenden 17. Jahrhunderts, wie *Artis aurifera* und Zetzners *Theatrum Chemicum* nachweisen. Es spricht also tatsächlich einiges dafür, dass Béroald der Autor von „Flamels“ *Hieroglyphischen Figuren* ist und das Werk Anfang des 17. Jahrhunderts entstand. Die Grundthese, dass

23 Sh. dazu seine Literaturliste im erwähnten Werk, 283.

„Arnaud de la Chevallerie" der Autor der *Hieroglyphischen Figuren* sei, stammt allerdings schon von Abbé Villain, der meinte, Arnaud wollte sich mit dem Namen Flamels brüsten. Und doch – schreibt Lennep[24] – erwähnen bereits Anfang des 15. (!) Jahrhunderts in einem in der französischen Nationalbibliothek aufbewahrten Manuskript, drei normannische Alchimisten, namens Grosparmy, Valois und Vicot, Flamel als bekannten Alchimisten, den sie sehr schätzten. Ebenso erwähnen sie den Namen Flamels in ihrem *Grand Olimpe*, einem anderen alchimistischen Manuskript aus dem Jahre 1430. Lennep widerspricht daher – allerdings nicht in direkter Replik zu Gagnon, dessen Untersuchung ja erst drei Jahrzehnte später erschien – der These von der Arnaud de la Chevallerie/Béroald der Verville'schen Autorenschaft.

Canséliet, der einer der Hauptquellen für Lenneps Meinung gewesen sein dürfte, gibt einen weiteren interessanten, wenn leider auch etwas mysteriösen Hinweis.[25] Er bezieht sich dabei auf einen kurzen Bericht von Fidel Amy-Sage in der wohlbekannten esoterischen Zeitschrift *Le Voile d'Isis*[26], in dem von einer zweiten Übersetzung der Flamel'schen *Hieroglyphischen Figuren* die Rede ist. Amy-Sage erzählt in diesem Heft von den gemeinsamen Forschungen mit seinem Freund Robert Buchère, der in der Bibliothek eines gewissen Dr. O., der nur als Adept des Geheimordens Rosée-Croissante vorgestellt wird, eine zweite Übersetzung aus dem lateinischen Urtext der *Hieroglyphischen Figuren* gefunden hätte. Als Übersetzer wird in dem Buch ein gewisser N. Perrot, Sieur d'Ablancourt, angeführt. Nicht nur das, Buchère fand in dem Band eine handschriftliche Notiz des Dr. O., in der er darauf aufmerksam macht, dass in der Übersetzung des Arnaud de la Chevallerie vieles ausgelassen und dafür anderes hinzugefügt worden war. Als ein Beispiel sind in dem Heft Ausschnitte (aus dem Ende des III. Buchkapitels) der beiden Übersetzungen gegenübergestellt. In der Tat differieren sie sehr stark. Canséliet betont zwar den guten Ruf Buchères, aber weder ist feststellbar, wer Dr. O. nun tatsächlich war, noch ist diese zweite Übersetzung je sonstwo aufge-

24 Art., a.a.O. 177.

25 *Libro*, a.a.O. 28, und sein Aufsatz „Nicolas Flamel" in der Zeitschrift *La Tour Saint-Jacques* 2/1956, 18.

26 Nr. 111, März, 1929, 177–183.

taucht. Naturgemäß würde sie aber die Existenz des lange gesuchten lateinischen Urtextes Flamels wahrscheinlich machen, womit Gagnons These ins Schwanken geriete.

Die lateinische Urfassung ist also nicht fassbar. Ja, nicht einmal einen unwiderlegbaren Beweis für ihr Bestehen gibt es, wie wir gesehen haben. Trotzdem kann daraus nicht geschlossen werden, dass eine solche nie existiert hat. Auch hierzu gibt Canséliet wiederum einen Hinweis. In der berühmten *Bibliotheca Chimica*[27] erwähnt der Autor Petrus Borellius neben anderen Flamel'schen Schriften auch „gewisse Hieroglyphen und Inschriften von Nicholas Flamel, die man seinerzeit auf verschiedenen Steinen in Paris sah ..." Man könnte darin mit Canséliet eine Art Urmanuskript der *Hieroglyphischen Figuren* sehen, auf das sich der alchimistische Ruhm Flamels begründet hätte. Der gute Ruf des Borellius lässt es wahrscheinlich sein, dass er dieses Manuskript wenigstens einmal in Händen hielt und nicht nur etwas vom Hörensagen aufzeichnete. Dazu verwendet Borellius in seinem lateinischen Text einen spezifisch Flamel'schen Fachausdruck. Leider ist auch dieses „Urmanuskript" nicht mehr auffindbar.

In der alchimistischen „Fachzeitschrift" *La Tourbe des Philosophes*[28] bringt ein(e) I.-M.C. im Rahmen einer Besprechung des Gagnon-Buches ebenfalls seine (ihre) Meinung zum Ausdruck, dass Flamel selbst zu diesem und ähnlichen akademischen Werken noch keineswegs das letzte Wort gesagt hätte. Wollte man hier vermitteln, könnte man vielleicht sagen, dass Flamel, so wie Faust und andere berühmte Gestalten der Esoterikgeschichte, eben nicht nur eine historische Gestalt, sondern auch die Personifizierung eines Mythos ist. Und wenn nach C.G. Jung das „Wirklichkeit" ist, was wirkt, stellt sich die Frage überhaupt neu. Sind ewige Menschheitssehnsüchte nicht oft wirksamer und damit geschichtlich einflussreicher als bloße Datenbestände und noch so genaue Quellenhinweise? Allerdings, mit historisch-literarischen Untersuchungen im wissenschaftlichen Sinne hat das nichts mehr zu tun. Und Canséliet[29] sieht die Frage der Authentizität alchimistischer Schriften

---

27 Heidelberg, 1656; Nachdruck Hildesheim, 1969, 90. Canséliet erwähnt hingegen die Ausgabe Paris, 1654, 95. Beide Vers. sind aber textgleich.
28 Nr. 38–39, Paris II/1995, 85f.
29 Flamel, *Libro*, a.a.O., 17.

und den Versuch, sie bestimmten geschichtlich fassbaren Personen zuzuschreiben, auch deswegen skeptisch, da es sich um einen Bereich handelt, in dem allein schon die Begriffe „Autor“, also „Urheber“ und fassbare „Person“ nicht mehr den üblichen Vorstellungen entsprechen. Er weist gleichfalls daraufhin, dass sich genau dieselben Probleme bei den taoistisch-alchimistischen Schriften stellen, deren Datierung um mehrere Jahrhunderte variieren kann und die keineswegs immer mit den historischen Gegebenheiten in Übereinstimmung zu bringen sind, die man logischerweise erwarten müsste. Die „initiatische Persönlichkeit“, so schreibt er, würde bleiben, das „historische Individuum“ aber vergehen. Man könnte höchstens – anstelle einer mehr oberflächlichen literarischen Kritik – „eine Kritik des spiritualen Stiles“ zu ergründen suchen, um einen Zugang zur wahren Originalität (origo = lat. Ursprung) der Meister zu finden. Was könnte man aber daraus lernen? Würde das nicht bloß der Befriedigung unserer Neugier dienen?

Ebenso könnte man fragen, ob es nicht ein typisches Zeichen unserer Zeit sei, dass wir immer zuerst dannach fragen, wer etwas gesagt hat und viel weniger darauf achten, was denn da gesagt wurde. Das erleichtert zwar eine erste (und gefährliche) Klassifizierung, fördert aber das Denken in Schubladenform. Ganz anders das Mittelalter, in dem nicht der Mensch, sondern das Werk im Vordergrund stand. Daher die Anonymität vieler Kunstwerke aus dieser Zeit und das Fehlen der heute wahrscheinlich überschätzten „Originalität“. Denn war einmal etwas als „wirklich“, d.h. auf Seele und Geist wirkend erkannt, bemächtigten sich auch andere Künstler dieser Thematik und versuchten sie noch „wirksamer“ zu gestalten. Einen Schutz vor Nachahmungen und „Plagiatentum“ gab es allein schon deswegen nicht, da die Kunst im Wesen sakral war und als der wahre Urheber der „Idee“ ja nicht der einzelne Künstler und Mensch galt, sondern eine transzendente Kraft.

Ein paar Worte müssen noch zum geheimnisvollen *Buch von Abraham dem Juden* gesagt werden, dem Flamel ja seine Goldmacherkunst verdanken soll. Nach all dem Vorhergehenden werden viele Leser wohl annehmen, dass es sich dabei um eine reine Mystifikation handle. Und doch gibt es andere Meinungen: Petrus Borellius berichtet in seinem *Trésor de recherches et antiquités gau-*

loises[30] davon, dass Kardinal Richelieu höchstpersönlich das Original der Handschrift besessen hätte. Und der Kirchenmann, Sozialist und Magier Eliphas Levi sagt, dass er dieses Originalmanuskript des Kardinals gefunden hätte und es sich um den kabbalistischen Traktat Aesch Mezareph gehandelt habe, den er dann in seinem „Schlüssel“-Werk *La Clef des grands mystères*[31] veröffentlichte.

Es gibt aber auch ein *Uraltes Chymisches Werk* in zwei Teilen von einem R. Abraham Eleazar[32]. Der Herausgeber der zweiten Auflage Iulius Gervasius Schwartzburgicus erklärt schon auf Seite drei seiner Vorrede, dass sein Buch der „öffentliche Druck“ von Flamels Manuskript sei, um dessen Verständnis sich dieser 21 Jahre vergeblich bemüht hätte. Hermann Kopp widmet diesem Buch mehrere Seiten[33], kommt allerdings zur Überzeugung, dass es kaum jüdischen Ursprungs sein könne. Er hatte seinen Fach-Universitätskollegen Gustav Weil gebeten nachzuprüfen, ob Stil und Inhalt aus einer jüdischen Quelle stammen könnten. Weil verneinte, da mehrere Zitate aus dem Alten Testament unrichtig wiedergegeben seien und ein Gebet zwar nach jüdischer Art geformt, aber dem jüdischen Glauben widersprechen würde. Ganz anderer Meinung wiederum ist der anerkannte Hebraist Rafael Patai, der in seinem Werk *The Jewish Alchemists*[34] nach eingehender Untersuchung zur Feststellung kommt, dass dieses Buch sehr wohl die Übersetzung eines alten Textes sein dürfte, der auf das 14. Jahrhundert zurückgehen und von einem jüdischen Alchimisten geschrieben sein könne, ja dass das sogar die einzige plausible Lösung aller hier angeschnittenen Fragen sei. Er glaubt sogar, dass Flamel tatsächlich seine *Hieroglyphischen Figuren* als Zusammenfassung des Originales des *Uralten Chymischen Werkes* verfasst habe. Patai erwähnt übrigens ein weiteres Manuskript aus der Bibliothèque

30 Hier nach G. Ziegler, *N. Flamel*, a.a.O., 200.

31 Die deutschen Ausgaben unter dem Titel *Der Schlüssel zu den großen Mysterien* enthalten diesen Traktat allerdings nicht.

32 Uns liegt nur die zweite Auflage, Leipzig, 1760 vor. Der wohl wichtigste Bibliograph der Alchimie John Ferguson erwähnt in seiner unverzichtbaren *Bibliotheca Chemica*, Glasgow, 1906 (Nachdruck Hildesheim, 1974), Bd. I, S. 3 aber auch die wahrscheinlich erste Ausgabe (Erfurt, 1735).

33 H. Kopp, *Die Alchemie*, a.a.O., Bd.II, 314ff.

34 Princeton, 1994, 238ff.

Nationale, das sich ebenfalls auf die Autorenschaft von Abraham (Habraham) den Juden beruft, allerdings stark mit christlichen Zusätzen versehen ist. Ebenso macht er klar, dass aus dem 14. Jahrhundert mehrere jüdische Alchimisten bekannt sind, die in Spanien am Hofe von Königen und Prinzen gedient haben, was der Geschichte Flamels weitere Glaubwürdigkeit verleihen würde.

Claude Gagnon hat sich ebenso mit dieser Frage beschäftigt und einen Aufsatz unter dem Titel *Le Livre d'Abraham le Juif ou l'influence de l'impossible* (Das Buch von Abrahm dem Juden oder der Einfluss des Unmöglichen)[35] veröffentlicht. Darin plädiert er nicht ganz überraschend für die Nicht-Existenz des *Buches von Abraham dem Juden.* Selbst C.G. Jung hat sich in seinem *Mysterium Coniunctionis*[36] mit dieser Frage und im Besonderen mit Eleazars *Uraltem Chymischen Werk* beschäftigt, sich allerdings, wie auch Gagnon bemerkt, auf die Seite der Zweifler geschlagen. André Bréton wiederum, um noch jemanden zu nennen, der nicht vordergründig als Alchimist bekannt ist, schreibt in seinem *Zweiten Manifest des Surrealismus* (1929) in zustimmender Weise von Flamel und dem Manuskript des *Buches von Abraham dem Juden.* Fulcanelli aber, als tatsächlicher oder wenigstens vorgeblicher Alchimist, gesellt sich interessanterweise zum Lager der Skeptiker. Er sieht das Abrahambuch als Erfindung des „großen Adepten" Flamel an, das nur dazu diene, künftige Jünger der königlichen Kunst zu belehren. Diese Geschichte berge nämlich Hinweise auf die Materia prima und Eigenschaften, die sie bei ihrer Bereitung annehme.[37]

Bis jetzt haben wir uns ausschließlich mit dem *Buch der Hieroglyphischen Figuren* auseinandergesetzt, denn daran ist auch die Frage der Authentizität Flamels und seiner chymischen Künste geknüpft. Flamel werden aber auch andere Traktate zugeschrieben. Allerdings werden wir im Rahmen dieser Einführung nicht nochmals eine so detaillierte Untersuchung darüber liefern, ob-

35 In Didier Kahn et Sylvain Matton (Ed.), *Alchimie, art, histoire et mythes, Actes du 1° colloque international de la Société d'Etude de l'Histoire de l'Alchimie* (Paris/Milan, 1995).

36 Sh. C.G. Jung, *Gesammelte Werke*, 14. Bd., 2. Halbband, 173, wo er den Traktat als „eine späte Fälschung aus dem Anfang des XVIII. Jahrhunderts" bezeichnet.

37 Fulcanelli, *Demeures*, a.a.O., 321.

wohl ebenfalls sehr interessante Punkte aufzuzeigen wären. Der hier vielzitierte Canséliet hält neben den *Hieroglyphischen Figuren* eigentlich nur das *Summarium Philosophicum*, das sogenannte Livre des Laveurs und ein Breviarium für eigene Arbeiten Flamels. Das *Summarium Philosophicum*, das auch *Roman des Flamel* genannt wird, ist im französchen Urtext in Versen geschrieben. Die im vorliegenden Buch gegebene Übersetzung ist zwar nicht in Versen, aber dafür eine sehr wortgetreue. Canséliet betont besonders die offensichtliche Verwandtschaft in Lehre und Ausdruck zwischen den *Hieroglyphischen Figuren* und dem *Summarium*. Seiner Meinung nach „erstrahlt in ihnen die alchimistische Lehre in ihrer vollen traditionalen Reinheit, sowohl von einem philosophischen Gesichtspunkt als auch in bezug auf die Symbolik und die stoffliche Praxis, auf die sie zurückgeht"[38].

Das *Summarium* ist bereits 1561 zum ersten Mal in Paris erschienen, „ohne Zweifel, weil es von den Adepten so geschätzt war und es schon lange Zeit in Manuskriptform unter ihnen zirkulierte"[39]. Ob es tatsächlich um das Jahr 1409, also noch vor den *Hieroglyphischen Figuren* geschrieben worden ist, muss unklar bleiben, da Lenglet du Fresnoy in seiner äußerst wichtigen *Histoire de la Philosophie Hermétique*[40], keine Quelle für seine Behauptung angibt. Das *Livres des laveurs* (Buch der Wäscher) ist ein Manuskript der Nationalbibliothek in Paris, das in wunderschöner Handschrift auf Pergament ausgeführt ist. Es datiert aus dem 15. Jahrhundert. Auf dem letzten Blatt steht folgender Satz: „Dieses hier vorliegende Buch gehört und ist aus dem Besitz von Nicholas Flamel aus der Pfarre Saint-Jacques-de-la-Boucherie, der es mit eigener Hand geschrieben und gebunden hat." Trotz der Zweifel, die da und dort bestehen, sind Canséliet und Flamand von der Authentizität des Manuskriptes überzeugt. Der Text wurde erst 1973 in den schon zitierten *Les Oeuvres de Nicolas Flamel* veröffentlicht. Nur Canséliet hatte vorher einige Ausschnitte – mit einem alchimistischen Kommentar aus seiner Feder versehen – in der Zeitschrift La Tour

38 *Libro*, a.a.O., 41ff.
39 Aus dem Vorwort von Elie-Charles Flamand in N. Flamel, *Les Oeuvres*, a.a.O., 31.
40 Paris, 1742, Bd. I, 219.

Saint-Jacques publiziert.[41] Noch ein Flamel-Traktat wurde 1973 in der eben angeführten Werkesammlung zum ersten Mal an die Öffentlichkeit gebracht: Das *Breviarium*, dessen Entdeckung auf Dom Pernety zurückgeht, den wir schon als Verteidiger Flamels kennengelernt haben. Dieses *Breviarium*, das man lange Zeit für verschollen hielt, wurde überraschenderweise 1958 von Eugène Canséliet in der französischen Nationalbibliothek wiedergefunden. Das *Livre des laveurs* und das *Breviarium* sind natürlich im vorliegenden Buch nicht enthalten, da es ja die neu gesetzte Version eines Buches aus dem Jahre 1751 ist. Es gibt auch noch keine deutschen Übersetzungen dieser Neuentdeckungen. Dafür finden sich in unserem Buch zwei andere Schriften, nämlich *Das Kleinod der Philosophie* und *Die große Erklärung des Steins der Weisen zur Verwandlung aller Metalle*, wobei das erstere 1628 in Paris und das letztere 1629 ebenfalls in Paris zum erstenmal erschien. Als Autor war jeweils Flamel bezeichnet. Ihr Inhalt und Stil sind aber zu unterschiedlich, vergleicht man sie mit den vorher von uns vorgestellten Arbeiten Flamels, und so gelten beide Traktate heute als *apokryph*. Sowohl Canséliet als auch Poisson und Flamand sind sich da einig. Das will und kann natürlich nur bedingt etwas über ihren inhaltlichen Wert aussagen. In unserer Ausgabe ist auch ein *Kleinod der Philosophie oder das Original der Begierde Nicolai Flamelli* enthalten. Dabei handelt es sich nur um eine anders übersetzte Version des *Schatzes der Philosophie*. Trotzdem haben wir beide Texte im Buch belassen, erstens, um dem Original unserer Ausgabe treu zu bleiben und zweitens erhellen oft gerade Übersetzungsvarianten gewisse unklare Stellen. Ebenso enthalten ist in unserer Version *Das wahrhafte Buch des gelehrten griechischen Abtes Synesii vom Stein der Weisen*. Auch diesen Traktat wollten wir im Buch lassen, da er schon bei der Erstausgabe von Arnaud de la Chevallerie 1612 beigegeben war.

Leider kann es hier nicht möglich sein, ausführlich über eine alchimistische Deutung dieser Texte zu spekulieren. Denn jedem vernünftigen Leser wird es klar sein, dass wir das Geheimnis der Goldherstellung für uns selbst behalten wollen. Trotzdem kann man aus der Lektüre der Texte wesentlichen Gewinn ziehen.

41 Nr. 3/ März, April 1956, 73–77.

Ora, lege, lege, lege, relege, labora et invenies (Bete, lies, lies, lies, lies noch einmal, arbeite und Du wirst finden) ermahnt uns das berühmte *Mutus Liber*[42]. Die Ausdauer und Geduld, die dabei entwickelt werden, sind schon Tugenden und Lohn an und für sich. Und dass Flamel ein Schreiber war, kann auch als Allegorie verstanden werden. Denn beim eifrigen Abschreiben eines heiligen Textes – und man kann das mysteriöse *Buch von Abraham den Juden* als Liber Mundi, d.h. als „Buch der Welt", das den gesamten Kosmos in sich birgt, auffassen – wird eine innere Umwandlung Platz greifen. Denn wie uns der Alchimieexperte Stefano Andreani in seinem Nachwort zur italienischen Ausgabe der *Hieroglyphischen Figuren* erinnert,[43] ist das Abschreiben eines solchen Textes ein magischer Akt par excellence. Denn ist der Autor eines heiligen Buches nicht Gott selbst? Und kommt durch das Niederschreiben nicht der Logos auf die Erde? Und kann das einmal geschriebene Wort nicht immer wieder lebendig gemacht werden, indem man es in rechter Haltung liest?

Und wie steht es nun um die von Flamel beschriebene alchimistische Deutung der Hieroglyphischen Figuren, wie sie laut Titel des *Buches der Hieroglyphischen Figuren*, „stehen unter dem vierten Schwiebbogen auf dem Kirchhofe der Unschuldigen Kinder zu Paris"? Wir wollen hier nur als ein Beispiel, die aus der Alchimie geläufigen Symbole der beiden Drachen herausnehmen, von denen der eine geflügelt ist und der andere nicht. Wie Flamel schreibt,[44] entspricht der eine Drache, der unten liegt und ohne Flügel ist, dem fixen und damit männlichen Element. Der obere Drache mit Flügel hingegen stellt das flüchtige Element, „das schwarze, dunkle Weib", dar. „Der erste wird Sulphur genannt oder das Warme und Trockene. Das andere wird geheißen Quecksilber oder die Kälte und Feuchte." Über mehrere Seiten hinweg gibt Flamel nun weitere alchimistische Assoziationen und die dazugehörigen Verweise auf bekannte hermetische Autoren. Scheint es nicht klar

42 Hier können wir nicht umhin, auch wenn es nicht unmittelbar hierher gehört, die wunderschöne Ausgabe des *Mutus Liber (Stummes Buch)* aus der Edition Weber (Amsterdam 1991), zu empfehlen, der ein qualitätsvoller Kommentar von Eugène Canséliet beigegeben ist.

43 Flamel, *Libro*, a.a.O., 186.

44 Im Originaltext(!) S. 53. in der hier vorliegenden Ausgabe auf S. 60.

zu sein, dass es sich hier wirklich nur um eine alchimistische Darstellung handeln kann? Gegen eine solche Deutung wehrt sich aber Claude Gagnon, den wir bereits als einen der fleißigsten Flamelforscher überhaupt kennengelernt haben. In der schon ausführlich zitierten Untersuchung *Nicolas Flamel, sous investigation*[45], die auf seiner 1988 in Paris erstellten Diplomarbeit beruht, führt er die Forschungen von Emile Mâle an, der in seinem Klassiker: *L'art religieux de la fin du moyen âge en France* nachweist, dass „Hieroglyphische Figuren", wie sie Flamel beschreibt, durchaus dem Kunstverständnis seiner Zeit entsprochen hätten. Eine alchimistische Deutung sei also durch nichts gerechtfertigt.

Um wiederum das Beispiel der zwei Drachen aufzunehmen, so könnten sie ohne weiteres auch als die damals bekannten „Schlangen vom Berg Ätna, die sich von Kindern ernähren" aufgefasst werden, was natürlich hervorragend zum „Kirchhof der Unschuldigen Kinder" passen würde. Diese „Schlangen" könnten außerdem als Anspielung auf das jüdische Volk verstanden werden, dem judenfeindliche Legenden seit jeher (und sogar noch bis in die heutige Zeit) Kindesmord zu rituellen Zwecken vorwarfen. Man darf dabei auch nicht vergessen, dass der bewusste Friedhof im jüdischen Viertel lag. Claude Gagnon beruft sich in diesem Zusammenhang ebenso auf den Mediävistik-Fachmann Jurgis Baltrusaitis, der sich besonders den phantastischen Tierdarstellungen des Mittelalters zugewandt hat. Ein weiterer Fachmann für die mittelalterlichen Monster und Dämonen, den Gagnon erwähnt, ist Claude Kappler, der in seinem Buch *Monstres, démons, et merveilles à la fin du Moyen age*[46] mehrere Tiergestalten zeigt, die denjenigen Flamels durchaus verwandt sind und wo sich keine alchimistische Deutung aufdrängt. Dazu kommen noch die sogenannten Danses macabres, also die Totentänze, die damals im Volke verbreitet gewesen seien und denen die Figuren Flamels bestens entsprechen. Eines lässt allerdings die Figuren auf dem Friedhof der Unschuldigen Kinder als wichtig erscheinen. Es könnte sich nämlich um die erste künstlerische Bearbeitung dieser Totentänze überhaupt handeln. Weitere kunsthistorische Untersuchungen würden aber auch

45 a.a.O., 132ff.
46 Paris, 1980.

die Nähe zum rein christlichen Themenkreis des Jüngsten Gerichtes aufzeigen. Und in dessen Rahmen sei die Abbildung von Drachen durchaus nichts Ungewöhnliches.

Trotzdem noch einige weitere Hinweise zum alchimistischen Verständnis. In Titus Burckhardts empfehlenswerter *Alchemie*[47] werden ebenfalls die *Hieroglyphischen Figuren* besprochen. Dazwischen eingestreut finden sich jedoch auch wertvolle Anregungen, so z. B. über die Wichtigkeit der Rhythmen bei den spirituellen Wissenschaften. Und Julius Evola zitiert immer wieder Flamel in seinem sehr klaren Werk *Die Hermetische Tradition*[48] und gibt Deutungsmöglichkeiten zu einzelnen Textstellen. C. G. Jung mag zwar einseitig sein, aber Einsichten in die chymische Geisteswelt vermittelt er auf jeden Fall. Sein *Mysterium Coniunctionis* haben wir ja schon angesprochen und seine *Psychologie und Alchemie*[49] gehört wahrscheinlich sogar zu den einflussreichsten geisteswissenschaftlichen Texten dieses Jahrhunderts überhaupt.

Damit glauben wir, dem Leser vorerst genügend Informationen vorgelegt zu haben. Wenn sie geistige Wirrnis ausgelöst haben, ist schon ein tiefer Zweck erfüllt. Denn: ORDO AB CHAO. (Ordnung entsteht aus dem Chaos). Man sollte eben nie die Wirkung alchimistischer Texte als Koans im Sinne des Zen-Buddhismus unterschätzen.

Hans Thomas Hakl

---

47 Olten, 1960, 187f.
48 Interlaken, 1989. Er versteht Alchimie als ein Gesamtwissen von Mensch und Kosmos. Flamel wird z.B. auf den Seiten 98, 111, 131 und 207ff. miteinbezogen.
49 *Gesammelte Werke,* Bd. 12, Olten, 1972.

Des

berühmten Philosophi

NICOLAI FLAMELLI

Chymische Werke,

als

1. Das güldene Kleinod der Hieroglyphischen Figuren.
2. Das Kleinod der Philosophiæ.
3. Summarium Philosophicum.
4. Die grosse Erklärung des Steins der Weisen zur Verwandelung aller Metallen.
5. Schatz der Philosophiæ.

Den

Liebhabern der Kunst

aus dem Französischen

in das Teutsche übersetzt

von

J. L. M. C.

Zu finden bey Johann Paul Kraus, Buchhändler in Wienn. 1751.

△ Die der Ausgabe von 1751 am Ende des Buches beigelegte Illustration des Tympanonfeldes ohne und mit Kolorierung durch den Verlag anhand der Angaben im Text "Philosophische Auslegung nach der Meisterschaft Hermetis". ▽

An den kunstliebenden Leser

Nachdem Ich, Gott und Weisheit liebender Leser, zu meinen männlichen Jahren kommen, begunte ich bei mir zu betrachten das Elend dieser Welt, und den jämmerlichen Zustand menschlichen Lebens, denn ich sahe und befand, daß es also beschaffen war, wie Syrach am 40. Cap. v. I. klaget und saget: Es ist ein Elend jämmerlich Ding um aller Menschen Leben, von Mutterleibe an, bis sie in die Erde begraben werden, die unser aller Mutter ist. Da ist immer Sorge, Furcht, Hoffnung, und zu letzt der Tod, u. bei diesem allen geriet ich auf diese Gedanken, alldieweil der grundgütige Gott ein heilsames Universal-Mittel verordnet, dadurch die Seele des Menschen könne erhalten, und vom ewigen Tode befreiet sein; warum er nicht auch ein solch Universal-Mittel dem Menschen mitgeteilet, dadurch auch seinem elenden schwachen notdürftigen Leibe in diesem zeitlichen Leben, wieder alle Not, Krankheit und Armut möge geholfen werden. Mit solchen und dergleichen Gedanken war ich nicht eine geringe Zeit beladen. Da begab sichs, zweifels ohn durch Schickung des Allerhöchsten, daß ich mit zween Studiosis in Kundschaft kam, welche in der Stadt, da ich wohne, vornehmer Leute Kinder instruierten, und nachdem ich mit denselben ein zeitlang konversierte, vernahm ich aus ihren Diskursen, daß sie in Sprachen und guten Künsten ziemlich erfahren waren, führeten daneben auch ein ehrbares Leben und Wandel: waren nicht so stolz und hochtrabend, als itziger Zeit gemeiniglich die junge Bursche, so etwann einmal mit einem Lateinischen, Griechischen und Hebräischen Donat für den Hindern geschmissen, die lassen sich alsbald mehr zu sein dünken als andere Leute: sondern sie waren bei ihrer Gelehrtheit modest und sehr bescheiden, also daß ich Ursache nahm sie öfter zu besuchen, und mit ihnen Gespräch zu halten. Da gab es einesmals die Gelegenheit, daß ich ihnen meine Gedanken wie droben erwähnet, eröffnete. Darauf antwortete der Älteste, welcher ziemlich peregrinieret hatte, mit solchen Worten: Mein lieber Herr! Es ist der vielgütige Gott in diesem Stücke keinesweges zu beschuldigen, sintemal er auch nach seiner milden Güte und Barmherzigkeit, nicht allein die Seele des Menschen; sondern auch seinen Leib mit allerlei Notdurft und Nahrung, ja auch mit einer Universal-Medizin versorget, welche man den Stein der Weisen und *Arcanum Naturae* nennet, mit welchem nicht allein alle Krankheiten kurieret, sondern auch alle unvollkommene Metallen, als Kupfer, Zinn, Blei, Eisen, in Gold oder Silber können verwandelt werden. Und hat man vor dieser Zeit Leute in Deutschland gehabet, mögen auch noch wohl heutiges Tages derselben gefunden werden, die solche Gabe von Gott, durch ein fleißiges Gebet und Christliches Gottseliges Leben und Wandel erlanget, daß sie nicht allein die geringen Metallen in Gold verwandeln, schwere Gebrechen und Krankheiten kurieren, sondern auch andere Miracula und Wunder prästieren kunten: daß aber solche Gabe Gottes so gar wenigen bekannt ist, das machet die Bosheit der Menschen, die greulichen Sünden, Schanden und Laster, so dieser Zeit leider, unter denen, so da wollen Christen heißen, vorgehen, und die große Ungerechtigkeit, so fast in allen Ständen verübet wird. Und ob schon viele Gelehrte, nach solchem köstlichen Schatze emsig trachten, so wird doch unter Hundert tausend kaum einer dessen teilhaftig, dann Gott, so der Menschen Herzen kennet, und ihre Gedanken von ferne siehet, der weiß, daß der meiste Teil unter denen, nur Reichthum, Pracht, Wollust und ihre eigene Ehre mehr suchet, als die Ehre Gottes, und des Rechten Heil und Wohlfahrt. Wer aber zu solcher Weisheit begehret zu verlangen, und das hochedle Kleinod zu überkommen, der muß sich eines Christlichen, Gottsseeligen Lebens und Wandels befleißigen, Ehrgeiz, Pracht und Hoffart vermeiden, und am ersten trachten nach dem Reiche Gottes, und nach seiner Gerechtigkeit, wie Christus lehret Matt. 6. Diese des Studiosi Rede hörte ich mit großer Verwunderung an, seufzete tief, und wünschte in meinem Herzen, daß ich auch ein so Heiliges Gott-wohlgefälliges Leben führen möchte, daß mir die Gabe des Heiligen Geistes und der Gesundmachung von Gott möchte verliehen, und das große Geheimnis der Natur offenbaret werden. Fing derowegen von der Zeit an die Heilige Schrift noch fleißiger zu lesen, wie auch andere Bücher, die zu einem Gottseligen Leben gute Anleitung geben, absonderlich welche von beiden Studiosis mir kommentieret würden, nämlich die Schriften *D. Johannis Tauleri*: des *Thomae à Kempis* Büchlein von der *Nachfolung Christi*, wie auch die 4 Bücher *Johann Arnds* vom wahren Christenthum, usw.

Es begab sich aber wenig Zeit hernach, daß dieser Studiosus, weil die kaiserliche Völker An. 1628 ganz Holstein und Jühtland mit Kriegesmacht überzogen, wieder hinauf in Deutschland reisete, der ander aber blieb noch eine zeitlang an meinem Orte, studierete *Medicinam*, und laborierte daneben fleißig in *Chymicis*. Weil aber sein Patrimonium gering, und er auf Chymische Bücher nicht viel wenden kunte, ersuchte er mich bittlich, ich möchte derselben für mich etlich kaufen, und ihm leihen durch zu lesen, darin war ich ihm zu willen, verehrete ihm auch etliche, ich hatte aber den Nutzen davon, daß ich gute Autores zu lesen bekam, welche mir sonst unbekannnt waren. Jemehr ich nun las, je größer Lust und Liebe ich in solchen Büchern zu lesen bekam, also daß ich manches schönes Philosophisch Buch mit großer Begierd und Delectation habe durchgelesen, und bin also durch Schickung Gottes auf das *Studium Alchymiae* gekommen. Was ich aber für großen Nutzen von dem Lesen erlanget, ist ohne Not allhie zu vermelden, allein muß ich dieses mit Wahrheit sagen, daß ich nun Gott lob, einen wahren Philosophen von einem Sophisten und Betrüger wohl zu unterscheiden weiß, deren sich allenthalben nicht wenig hervor tun, und ihre Prozesse um eine große Summe Geldes ausbieten und verkaufen. Der eine will sein Werk aus den Talco bereiten, der ander aus den Mercurio, oder auch aus *Sulphure, Arsenico, Antimonio, Vitriolo, &c.* Der dritte aus Urina, weil er etwa beim Morieno mag gelesen haben diese Wort, die er zum König Calid sagte: dies Ding wird von dir ausgezogen, welches *minera* du auch bist, denn bei dir finden sie es, usw.

Ein ander gibt vor, es sei eine kostbare Materia daraus das Universal der Philosophen müsse bereitet werden, gibt sich derowegen bei großen Herren an, denen die Kunst zu offenbaren, denn er sich beklaget, daß er die Sumptus nicht habe zu des Werks Ausfertigung: er weiß seinen Prozeß dermaßen mit Sprüchen der Philosophen zu staffieren und zu confirmieren, daß einer wohl sollte tausend Eide schwören, es könne und müsse nicht anders sein, es sei der rechte Weg, und die gewisseste Wahrheit. Wenn es aber zur Prob kommt, da siehet man augenscheinlich, daß der eingebildete und stark gehoffte Schatz sei zu lauter Kohlen (wie man im Sprichwort redet) oder vielmehr zu Schlacken und Aschen worden, und ist also Zeit, Arbeit und Unkosten verloren. Wäre dieser ein wahrer Philosophus, und wüßte den rechten Grund des *Mysterii Naturae*, würde er nicht nötig haben, damit herum zu laufen, und es um Geld als böse Ware auszubieten. Wahrlich er gibt damit eigentlich an den Tag seine Unwissenheit in dem Werke. Denn wann er auf rechtem Wege wäre, so würde er wohl bedenken die Worte *Fratris Basilii Valentini*, der da spricht: hiervon mußt du vor dem gemeinen Haufen nicht viel schwätzen, sondern sollt von Herzen gesinnet sein, alle solche Heimlichkeiten bis an dein letztes Ende und in die Grube hinein verschwiegen zu halten, und nichts an dir vermerken lassen, oder du bist dem Teufel seine Macht auf allen deinen Wegen und Stegen befohlen. Item, was er saget in seiner Vorrede: verschließ deinen Mund, und bestätige in deinem Herzen ganz gewiß, keinem Menschen dieser boshaftigen, undankbaren und falschen Welt solche Mysteria zu vertrauen, viel weniger teilhaftig zu machen. Denn so es der Allmächtige einem andern hätte wollen gönnen, so hätte er es für sich selbsten wohl, und ohne dich durch andere Mittel und Wege verleihen können und nicht an dich gelangen lassen, Darum siehe zu, versuche Gott deinen Herren nicht, denn er ist der, so sich nicht spotten läßt: bis von Herzen verschwiegen, und betrachte zum öftesten die Strafe, deren kein Mensch entlaufen kann.

Es ist auch wohl zu beherzigen die Warnung der Paradeis Tafel am 69. Blatt, also lautend: derhalben will ich alle Inhabere dieses Buchs durch Christliche Liebe treulich gewarnet und gebeten haben, ihr wollet diese meine Paradeis-Tafel für allen freveln, hochmütigen, ungerechten, Unterdrückern der armen Leute, hoffärtigen und dergleichen unwürdigen Gottlosen Leuten verbergen, und in ihre Hände nicht kommen lassen, bei Straf der ewigen Pein und eurer Seelen Verdammnis, welches Urteil Gott über solche gesprochen hat; das lasset euch wohl zu Herzen gehen.

Weiter finden sich unter den Laboranten noch andere unartige Köpfe: der eine gedenket große Schlösser zu bauen, oder bei Herren und Fürsten sich in große Kunst zu bringen: ein anderer Prahlhans, dessen Werk in seiner Arbeit etwann die *Colores*, so von Philosophis benennet werden, hervor gibt, der frohlocket über die maßen, und lässet sich ungescheuet vernehmen, wann er mit dem Werke zu gutem Ende kommen, so wolle er sich zu einem Potentaten unter den Lutheranern begeben, demselben so viel Gold und Silber verschaffen, damit er ein starkes Krieges Volk könne aufbringen, den Papst und alle Mönche zu verjagen und zu vertilgen. O du schlimmer Alchemist! Wann du alle Mönche mit ihren Röcken und Socken verschlungen und alle Klöster verstöret, und viele Länder mit deinem Gottlosen Krieges Volk verhehret hättest; bildest denn du dir ein, daß du deswegen mit Petro und Paulo im Himmelreich oben an sitzen, und bei Gott in großen Gnaden sein werdest? Meinem Bedünken nach, irrest du sehr weit, denn du bedenkest nicht, wie viel arme Leute, wie viel Witwen und Weisen du würdest machen, die über dich *ceter morduo*, Ach und Weh! Rach und Strafe schreien würden. Aber weil Gott höret und siehet dein intent, lässet er dich, wann schon dein Werk recht angefangen, das Ende nicht erleben. Denn die hochedle überschwengliche Gabe Gottes wird dir nicht zu dem Ende verliehen, daß du damit einen unchristlichen, heillosen verderblichen Krieg führen sollst, sondern so du es recht willst anwenden, so findest du aller Orten viel arme Witwen und Weisen auch andere arme Leute, die alters haben ihr Handwerk nicht mehr treiben, noch ihre Nahrung suchen können, denen verschaffe Unterhaltung: da sind alte Knechte und Mägde, die bei 20., 30. und mehr Jahren gedienet, und keine Mittel haben eine einige Haushaltung anzustellen, denen strecke etwas vor, damit sie können zum Stande kommen, und ihres gehabten arbeitseligen Lebens einmal in etwas Erleichterung empfinden. Da sind Schüler, welche gute *ingenia* haben, denen, aber ihr geringes *patrimonium* nicht kann forthelfen, ihren Verstand und Tugend aus zu üben und hervor zu bringen, denen magst du beförderlich sein. Denn mit einem christlichen, verständigen gelehrten weisen Manne ist einer Stadt, ja einem ganzen Lande oft mehr gedienet, als mit großem Krieges-Heer. Ich habe auch bei meiner Zeit etliche kluge und tiefgelehrte Personen gekannt, welche, weil sie unterschiedlicher Sprachen kundig, und durch viel Studieren auch etwas von dieser Wissenschaft vernommen hatten, die Hände aber mit Kohlen zu beschmutzen, und mit anderer Sudlerey, so etwa bei diesem Werke möchte vorlaufen, umzugehen, ihr Stand nicht leiden wollte, namen sie einen andern *modum* vor auf den rechten Grund dieses Arcani zu kommen, nämlich sie reisteten aus einem Lande ins ander, von einer Stadt zur andern (doch nicht auf ihren Säckel, sondern von großen Herren ausgesandt) aufzuspüren, wo etwa ein Laborant vorhanden, zu dem verfügten sie sich, fragten nach Prozessen in der Kunst, machten auch Kundschaft mit jedweden, so irgend mit Bergwerken oder Metallen umgingen, vermeineten also durch listiges Nachforschen den Vogel Hermetis zu fahen; aber wie hochgelehrt und klug sie auch waren, vermochten sie doch nicht den verborgenen Schatz im Acker, noch die edle Perle beim Matth. 13 u. 44 zu finden, sondern es verblieb bei der Rede Christi, der da spricht, Matth. 11 u. 25. Ich preise dich Vater und Herr Himmels und der Erden, daß du solches den Weisen und klugen verborgen hast, u. item, was der Apostel Paulus Rom. 9. u. 16. saget: so liegt es nun nicht an jemands wollen, oder laufen, sondern an Gottes Erbarmen. Diese Leute sollten bedenken, was Graf Bernhard saget: der es weiß, der sagt dir nichts, und der es nicht weiß, von dem kannst du es auch nicht lernen. Und Geber spricht, daß diese Kunst Gott in seiner Gewalt Ihm vorbehalten habe, und teile sie mildiglich mit, und entziehe sie auch wem er wolle. Was mögen denn die Landstreicher und Prozeß-Verkäufer gedenken, wollen sie Gott in seine Gewalt greifen, und es jedermann offenbaren, wer ihnen nur den Beutel mit Gelde füllet? In Wahrheit, sie zeigen mit solcher Krämerei klärlich an, daß sie keine rechte Gäste sind der Chymischen Hochzeit. Denn Fr. Basilius Valentinus spricht im dritten Teil von Erklärung der 12. Schlüssel: wem die Augen einmal geöffnet, der bleibt danach gern bei der Wahrheit, und wird so begierig die Materiam zu verbergen, und zu verschweigen, daß er Tag und Nacht sinnet, wie er sich vor den Unwürdigen möge verbergen.

Eben dieses berichtet auch Comes Trevisanus in seiner Vorrede fol. 44. mit diesen Worten: letzlich wirst du den Nutz solcher herrlichen Kunst wohl selber spüren, und sie hart genug nicht allein definieren, sondern verbergen helfen.

Rosinus. Ich habe mich nicht wenig befürchtet, daß Gott seine Gnade von mir abwenden möchte, um des willen, daß ich dir von dieser hohen Weisheit eine Erklärung mitgeteilet habe; alldieweil alle Philosophi viel lieber sterben, als den Stein mit seinem rechten Namen nennen wollen.

Theobaldus. Den Namen des Steins kann niemand offenbaren, bei Verlust seiner Seelen Heil und Seligkeit, denn er vermag solches nimmer gegen Gott zu verantworten.

Darum mein lieber Leser solche Vaganten und Landbetrüger mußt du lernen kennen, und mit allem Fleiß vermeiden, und dich mit ihnen nicht einlassen, denn sie dir nur den Beutel ledig machen: sondern so du willst ein rechter *Filius Doctrinae* sein, mußt du die wahrhaften und alten Philosophos fleißig und bedachtsam lesen, als da sind die *Turba, Artephius, Morienus, Hortulanus, Comes Trevisanus, Arnoldus Villanovanus, Frater Basilius Valentinus* und dergleichen; diese können dir gnug sein, dein Ziel zu erreichen, Lullius aber, Avicenna und Geber sind in ihren Reden gar zu bunt und weit umschweifend für einen anfahenden Schüler. Und weil ich gegenwärtige zwei Tractätlein aus dem Französischen ins Deutsche auf meinen Kosten habe übersetzen lassen, und gestehe, daß sie dir auch könnten dienlich sein, habe ich dieselbe in Druck befördern wollen, der Hoffnung, du werdest etwas Gutes daraus schöpfen können. Halte nun mit dem Gebet bei Gott fleißig an, daß er dir den Verstand eröffnen, und den Geist der Weisheit verleihen wolle, denn die verborgenen Reden der Philosophen können nicht hinderlich sein, wo die Lehre des Hl. Geistes wirket, wie der berühmte Philosophus *Hortulanus* in seiner Vorrede schreibet. Und bleibe in der Furcht des Herrn der wird dich unterweisen den besten Weg, Psal. 25. Sei verschwiegen, und habe einen christlichen Vorsatz solche hohe Gabe nur allein zu Gottes Ehre und zu Hilfe des dürftigen Nächsten zu gebrauchen, so wirst du nach Gottes Willen deines Wunsches endlich gewähret werden, dazu ich dir hiemit Glück und Segen, gute Gesundheit, zeitliches und ewiges Wohlergehen von Herzen will gewünschet haben.

Gelobet sei der Herr mein Gott, der den Geringen und Niedrigen aus dem Staube erhebet, und erfreuet das Herz derer, so auf Ihn hoffen; der den Gläubigen den Brunnquell seiner Gütigkeit aus Gnaden eröffnet, und ihnen den Welt-Kreis mit aller seiner irdischen Glückseligkeit unter ihre Füße leget. Auf ihm beruhe allezeit unsere Hoffnung, und in seiner Furcht unsere Glückseligkeit, in seiner Barmherzigkeit der Ruhm der Wieder-Erneuerung unserer Natur, und in seiner Vorbitte unsere unbewegliche Sicherheit. Und du, o Allmächtiger Gott, gleich wie deine Gütigkeit mich deinen unwürdigen Knecht gewürdiget hat, mir allhier auf Erden alle Schätze des Reichtums der Welt zu eröffnen: also laß auch deiner Gnaden gefällig sein, daß, wenn ich dermaleins nicht mehr unter der Zahl der Lebendigen sein werde, du mir alsdann auch des Himmels Schatz eröffnest, und mir dein göttlich Antlitz anschauen lassest, dessen Majestät voller unaussprechlicher Freude ist, die niemals in einiges lebendigen Menschen Herz kommen ist. Solches bitte ich dich durch unsern Herrn Jesum Christum, deinen geliebten Sohn, der in Einigkeit des Heil. Geistes mit dir lebet von Ewigkeit zu Ewigkeit, Amen.

Die Erklärung der Hieroglyphischen Figuren,

die von mir Nicolaus Flamell, Schreibern auf dem Kirchhof der unschuldigen Kinder unter dem vierten Schwibbogen von St. Dionysii Gassen hinein zur rechten Hand gesetzet sind

Vorrede

Obgleich ich Nicolaus Flamell, Schreiber, und Einwohner zu Paris, in diesem 1399. Jahr, wohnhaftig in meinem Hause, in der Schreiber-Straßen, nächst St. Jacobs-Kapelle, mit dem Zunamen des Fleisch-Markts, ob ich gleich, sage ich, nichts gelernet, als ein wenig Latein, wegen meiner Eltern schlechten Zustand, die doch sonst auch von meinen Mißgönnern selbst für ehrliche Leute gehalten wurden, so habe ich mich dennoch durch besondere Gnade Gottes und *Fürbitte der Heiligen im Paradies, sonderlich aber St. Jacobs von Galicien*, mit allen Fleiß unterwunden der Philosophen Schriften der Länge zu verstehen, und in denenselben ihre so gar verborgene Geheimnisse zu erlernen: darum will ich auch die Zeit meines Lebens keinen Augenblick lassen vorbei gehen, daß ich nicht in Erinnerung so hoher Wohltat auf meine Knie falle, so es nur der Ort leiden mag, oder doch in meinem Herzen, aus allen meinen Kräften dem allergütigsten Gott danksage, welcher nimmer gestattet, daß die Kinder der Gerechten nach Brod gehen, und lasset nicht zu Schanden werden, die, so auf seinen Segen hoffen.

Als ich Nicolaus Flamell, als ein Schreiber, nach meiner Eltern Tode mit der Schreiber-Kunst mich suchte zu unterhalten, mit Inventarien aufrichten, Rechnungen und Ausgaben der Vormunden und Unmündigen zu verfertigen und zurechte zu bringen, geriet mir einesmals in die Hände ein vergüldetes Buch, das war fast alt und sehr breit, da gab ich zween Gülden für, dies Buch war nicht von Papier oder Pergament, wie sonsten andere Bücher sind, sondern wie es scheinete, so war es allein aus zarten Rinden einiger zarten jungen Bäumlein gemachet. Sein Überzug war von gar dünnen geschlagenen Erz oder Kupfer über und über mit fremden ausländischen Buchstaben und Figuren gegraben, und wie mich bedäucht so möchten es wohl Griechische *Characteres* sein, oder dergleichen andern alten Sprachen eine, so viel war ihm, daß ich es nicht könnte lesen, und weiß doch wohl, daß es keine Französische oder Lateinische Buchstaben waren, dann davon hatte ich ein wenig Wissenschaft.

Was das inwendige belanget, so war es auf seinen Rinden-Blättern mit einem eisern Griffel über alle maßen fleißig gegraben und beschrieben, alles mit gar zierlichen Lateinischen gefärbten Buchstaben, über die maßen schön und reinlich; es begriff überall in sich dreimal sieben Blätter, wie sie also gezeichnet und gezählet waren, eben an jedem Blatt, und jedes siebente war nicht beschrieben, sondern gemalet; und zwar auf dem ersten stund eine Rute und zwo Schlangen, die sich untereinander verschlungen; auf dem andern Siebenden waren als wie einige Wüsteneien gemalet, in denen Mitte unterschiedliche schöne Brunnen flossen, woraus unterschiedliche Schlangen hervor kamen, und hier und dort herum liefen; auf dem ersten Blatt stund folgendes in großen vergüldeten Buchstaben also: Abraham der Jude, ein Fürst, Priester und Levite, *Astrologus und Philosophus* wünschet denen durch den Zorn Gottes hin und her in Frankreich zerstreueten Juden Glück und Heil. Hiernächst war es voller Flüche und Vermaledeiungen, mit dem oft darinnen wiederholten Worte *Maranatha*, und über alle und jede, die ihre Augen auf dieses Buch werfen würden, es wäre denn ein Priester oder Schriftgelehrter.

Derjenige, so mir dieses Buch verkaufte, wußte so wenig, was es wert war, als ich, der es ihm abkaufte, ich glaubete, daß es etwa den armen Juden entwendet, oder doch an einem alten heimlichen Orte, da vor Zeiten Juden gewohnet, gefunden worden. Am andern Blatt dieses Buches tröstete er seine Nation, und vermahnte sie sehr fleißig, daß sie alle Laster meiden, zuforderst aber die Abgöttereien fliehen, und des künftigen Messiae, welcher alle Könige der Erden überwinden, und mit seinem Volk in großer Herrlichkeit ewig regieren würde, in sanfter Geduld erwarten sollten. Woraus zu ersehen, daß er sonder Zweifel ein Mann von großer Wissenschaft gewesen.

Am dritten und allen folgenden Blättern um seiner gefangenen Nation zu helfen, daß sie vermöchten den Römischen Kaisern den

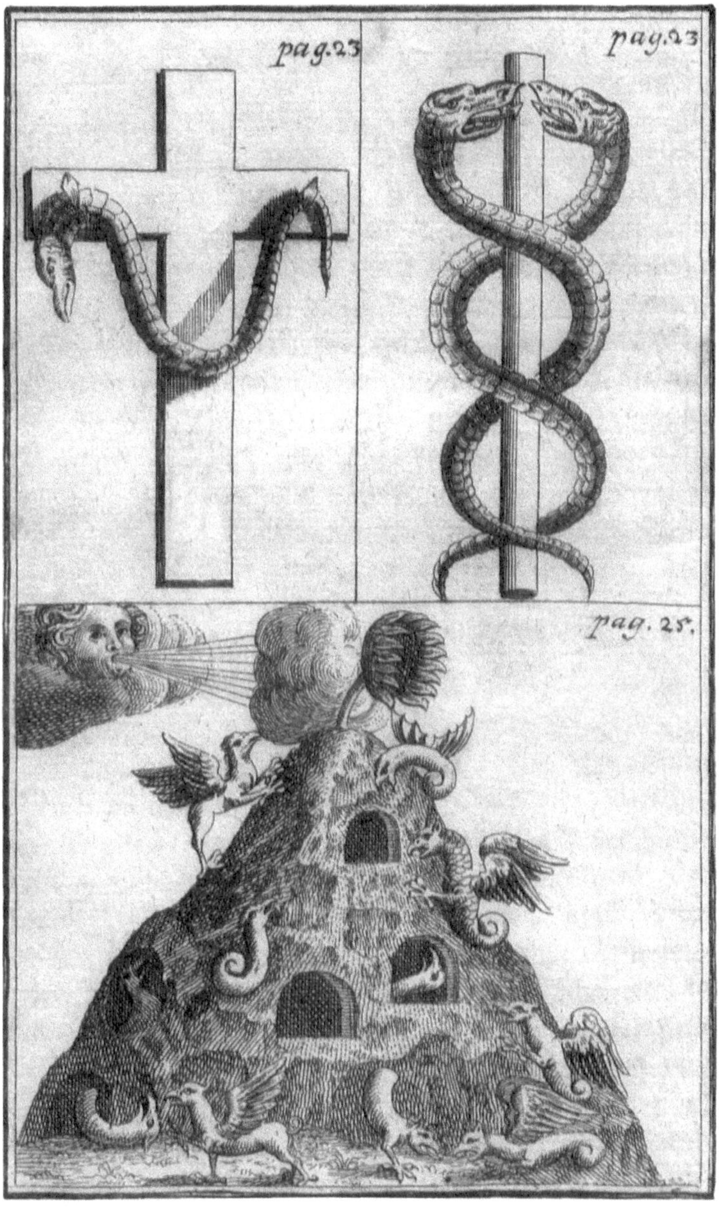
pag. 23
pag. 23
pag. 25.

Tribut zu geben, und andere Dinge, die ich nicht sagen will, zu verrichten, fing er an sie zu unterweisen, und zu lehren, die Verwandlung der Metallen, mit gemeinsamen verständlichen Worten: maltete also die Gefäße auf den Seiten, unterrichtete sie von den Farben, und in Summa von allen, was zur Sache dienete, das *Primum agens* oder erst wirkende allein ausgenommen, wovon er kein einiges Wort meldete. Jedoch malete und bildete er dasselbe, wie er sagte, auf dem vierten und ganzen fünften Blatte, überaus künstlich ab.

Ob es nun zwar sehr deutlich und verständlich abgebildet und vorgemaltet war, könnte es doch keiner begreifen, er hätte sich denn in ihren Cabalistischen Satzungen sehr geübet, und die Bücher der Philosophen fast wohl durch studieret, auch sehr weit darinnen kommen wäre. So waren diesem nach das vierte und fünfte Blatt ohne Schrift, doch überall mit sehr schönen illuminierten Figuren und dergleichen, als ein köstliches Werk gezieret, und erfüllet. Denn es war sehr artig und mit höchstem Fleiß gemalet.

Anfänglich war da gemalet ein Jüngling, der hatte Flügel an seinen Fersen und einen Heroldsstab mit zwei Schlangen umwickelt in seiner Hand, damit schlug er auf eine Sturmhaube, die ihm das Haupt bedeckte, nach meinem einfältigen Verstande urteilte ich, daß es der Heiden Gott Mercurius wäre; bald kam ein großer alter Mann, ganz erschrecklich und greulich auf ihn zugelaufen, oder vielmehr geflogen mit aufgetanen Flügeln, welcher auf seinem Haupte ein fest gemachtes Stunden-Glas und eine Sense in der Hand trug, wie der Tod, womit er als voller Zorn und Eifer dem *Mercurio* die Füsse abhauen wollte.

Auf der andern Seiten des vierten Blatts stund eine schöne Blume auf der Spitze eines sehr hohen Berges gemalet, welche der Nordwind gar ungestümlich anstieß und bewegte, deren Stengel himmelblau, die Blume aber weiß und rot, und ihre Blätter glänzend, wie das feineste Gold waren, um dieselbige herum machten die Nordischen oder Mitternächtlichen Drachen und Greiffen ihr Nest und Wohnung.

Am fünften Blatt mitten in einem herrlichen Garten stand ein schöner blühender Rosenstrauch, der sich an einer hohlen Eichen in die Höhe zog, zu wessen Grund oder Wurzel ein Brunn vom allerweißesten Wasser heraus sprudelte, welches sich in unterschiedliche Abgründe versenkete. Wiewohl es vorher unendlich

pag. 25.
pag. 26.

vielen Leuten, welche die Erde umwühlteten, selbiges zu suchen, durch die Hände ging, dieweil sie aber blind waren, kennete es niemand außer einem, der das Gewichte betrachtete, (das ist, seine Gewalt und Vermögen erwegete).

Auf der andern Seiten des fünften Blatts war ein König mit einem großen Säbel oder breiten Schwert, welcher in seiner Gegenwart durch Soldaten eine große Menge kleiner Kinder töten ließ, deren Mutter zu den Füßen der unbarmherzigen Krieger sehr weinete: das Blut aber obgedachter kleiner Kinder ward von andern Soldaten zusammen gesammlet, die täten es in ein groß Gefäß, in welches die Sonne und Mond des Himmels herab fliegen sich darin zu baden. Und dieweil diese *repräsentation* oder Vorstellung den meisten Teil der Historien von den unschuldigen Kindern so vom Herode erwürget worden, vorstellet, ich auch aus diesem Buch den größten Teil der Kunst erlernet, so ist dieses die Ursache gewesen, warum ich die nachdenkliche Kennzeichen und Abbildung dieser geheimen Wissenschaft auf deren Kirchhof habe wollen setzen lassen.

Dieses ist nun, was auf den ersten fünf Blättern abgefasset war, was aber sonst auf den andern Blättern in sehr schön und wohlverständlichem Latein geschrieben gewesen, will ich hier nicht erzählen. Denn Gott möchte mich strafen, weil ich eine größere Bosheit hierinnen begehen würde, als einer der, wie man sagt, gewünschet, daß alle Leute der ganzen Welt nur einen Kopf hätten, und er denselben mit einem Streiche herunter schlagen könnte.

Als ich nun dieses herrliche schöne Buch in meinen Händen hatte, tat ich Tag und Nacht anders nicht als darin studieren, verstand auch gar wohl alle *operationes*, die er darinnen anwies; weil ich aber nicht wußte, in was Materie der Anfang zu machen, verursachte mir solches eine nicht geringe Traurigkeit; es machte, daß ich mich ganz eingezogen und allein hielte, und veranlaßte mich zu stetigem Seufzen. Mein liebes Weib *Petronella*, die ich wie mich selbst, liebte und vor weniger Zeit geheiratet hatte, bestürzete hierüber gar sehr, tröstete und fragete mich, ob sie mir in dieser Bekümmernis einige Hilfe und Rettung erweisen könnte? Ich vermochte meine Zunge nicht länger zu halten, daß ich ihr nicht alles sagte, auch dies herrliche Buch zugleich wiese, dessen sie also fort sie es nur gesehen, ja so verliebt und begierig worden als ich selbst;

pag. 26.
pag. 32.

sie ergetzete sich zum höchsten den schönen Band, die schönen Kupferstiche, Bilder und Abrisse, wovon, sie doch eben so wenig, als ich verstund, zu besichtigen. Nichts desto weniger war es mir ein großer Trost, wann ich mit ihr hiervon möchte reden, insonderheit was zu tun, damit man Auslegung desselben haben könnte.

Endlich ließ ich aufs eigentlichste als möglich, in meinem Hause die Bilder und Figuren des vierten und fünften Blatts abmalen, und zeigete solche zu Paris vielen vornehmen gelehrten Leuten, welche doch nichts mehr davon verstunden als ich. Ich deutete ihnen daneben auch an, daß dieses in einem Buche, welches den Philosophischen Stein machen lehrte, gefunden worden, aber der meiste Teil dieser Leute spotteten meiner und des gebenedeiten Steins, außerhalb einer genannt Magister Anshelmus ein *Licentiat* in der *Medicin*, welcher fleißig in dieser Wissenschaft studierte. Dieser hatte große Begierde mein Buch zu sehen, zu welchem Ende er auch keinen Fleiß sparete, aber ich entschuldigte mich allezeit damit, daß ichs nicht hätte, gleichwohl beschrieb ich ihn nach der Länge den Inhalt desselbigen.

Er sagte, daß die erste Abbildung die Zeit bedeutete, welche alles verzehret, und daß man zu Vollführung des Steins sechs Jahr bedürfte, nach Anzahl der sechs beschriebenen Blätter, und hielt er davor, daß man alsdann das Stundenglas umkehren müsse und aufhören zu kochen. Wenn ich ihm aber antwortete, daß dieses zu keinem andern Ende gemacht wäre, als das erste *agens* oder erstwirkende dadurch abzubilden, zu zeigen und zu lehren; (wie dann solches ausdrücklich in dem Buche vermeldet ward) so sagte er wieder, daß die Kochung von sechs Jahr das *secundum agens* oder das andere wirkende anzeigete. Und daß zwar in der Wahrheit das *primum agens* daselbst abgemalet wäre, welches das weiße und schwere Wasser sei, und sonder Zweifel das lebendige Quecksilber, so man keines weges fixieren oder beständig machen, noch ihm die Füße abhauen, das ist, seine Flüchtigkeit ihm benehmen könne, als nur allein durch langwierige Kochung in dem allerreinesten Blute der jungen Kinder, sintemal in demselben das Quecksilber mit dem Golde und Silber sich vereinigen, allererst mit denenselben in dergleichen Kraut, wie allda abgezeichnet, verändert und hernach durch die *corruption* zu Schlangen würde, die nachdem sie gänzlich ausgetrocknet und durchs Feuer ausgekocht, in ein Gold-Pulver gebracht würden, und das sei dann der Lapis. Dieses ist nun die Ursache gewesen, daß ich durch die lange Zeit von ein und zwanzig Jahren, tausenderlei Sudelwerk, (doch nicht mit Blut, das Gottlos und schändlich zu hören ist) zur Hand nahm, denn ich fand in meinem Buche, daß die *Philosophi* den mineralischen Geist der Metallen, absonderlich des Goldes, Silbers und *Mercurii* Blut nenneten, zu deren wahren Vereinigung ich jederzeit mein Absehen richtete: aber diese Auslegungen waren meistenfalls mehr subtil als wahrhaftig.

Dieweil ich nun die Zeichen, so in meinem Buche geschrieben stunden, zu der Zeit, da sie sollten erscheinen in meinem Arbeiten nimmer zu Gesichte bekam, fing ich die Arbeit immer wieder von neuen an. Endlich, als ich alle Hoffnung verloren, die Figuren jemals zu begreifen, tat ich zu letzt ein Gelübde zu Gott und St. Jacob zu Galicien, ob ich etwann von einem Jüdischen Priester in einiger Synagogen in Spanien die Auslegung erfragen möchte, derowegen als ich mit Bewilligung meiner *Petronellen* den extract der Figuren zu mir genommen, auch ein Pilgrims Kleid angezogen, und einen Stab in die Hand, eben so wie man mich auswendig am gedachten Bogen sehen kann, unter welchen ich diese Hieroglyphischen Figuren inwendig auf dem Kirchhofe habe setzen lassen, woselbst ich auch zugleich an beiden Seiten der Mauern eine *Procession*, in welcher nach der Ordnung alle Farben des Steins, so wie dieselben nach einander kommen und zu Ende laufen, vor Augen stellen lassen mit dieser Französischen Überschrift:

Moult plaist à Dieu Procession,
Belle est faite en devotion.

Der Umgang Gott gar wohl gefällt,
Wenn er mit Andacht wird bestellt.

Welches bei nahe der Anfang ist des Buchs Königs *Herculis*, das von den Farben des Steines handelt, dessen Titul ist, *Iris*, das ist, der Regenbogen, die Worte sein. Der Fortgang des Werks gefällt der Natur u. so ich eigentlich für die Hochgelehrte allda habe hinsetzen lassen, damit sie diese *Allusion* merken möchten.

So wie ich nun daselbst angebildet bin, machte ich mich auf die Reise, und ging, bis ich nach *Montjoye* (zu dem Berge der Freuden) kam, und endlich zu St. Jacob anlangete, woselbst ich mit großer *devotion* mein Gelübde vollbrachte. Wie dieses geschehen, traf ich in der Zurückreise in Leon einen Kaufmann von Bologne an, der mich in Kundschaft brachte, mit einem *Medico*, welcher von Geburt ein Jude, aber damalich ein Christ, und zu besagten Leon wohnhaft war, dieser war ein trefflich gelehrter Mann in hohen Wissenschaften, und hieß *Magister Canches*.

Als ich ihm nun die Figuren meines Auszugs gewiesen, wurde er für Verwunderung und Freuden gleichsam entzücket, und fragte alsobald, ob ich von demselbigen Buche, woraus diese Figuren gezogen, einige gute Nachricht hätte: ich antwortete ihm auf lateinisch, wie er mich gefraget: daß ich hoffte gute Zeitung davon zu haben, wenn nur zuvor jemand mir die Rätsel wüßte aufzulösen. So bald fing er an von hitziger Begierde und Freude übernommen, mir den Anfang desselben zu erklären; damit ichs aber nicht allzulang mache, so war er sehr begierig, von dem Buche Nachricht zu erlangen, (und ich möchte ihn auch gerne davon hören reden,) und zwar so war ihm nun unterschiedliche mal die Gestalt des Buchs gegeben; doch daß man dafür hielte, es wäre schon längst verloren, als er sagte. Darum *resolvierten* wir unsere Reise miteinander fortzusetzen und zu vollenden. Wir gingen von Leon auf *Oviedo*, und von dannen nach *Sanson*, da wir zu Schiffe gingen, um in Frankreich überzusetzen: unsere Reise lief glücklich genug ab, und er hatte mir schon von der Zeit an, da wir in Frankreich waren angelanget, den meisten Teil der Firguren ganz wahrhaftig ausgeleget, worinnen er fast bis zum Ziel zu, große Geheimnisse fande, worüber ich mich höchlich verwunderte.

Als wir aber nun zu *Orleans* anlangeten, fing dieser gelehrte Mann an heftig krank zu werden, und übergab oder erbrach sich mächtig sehr, das ihm im Leibe noch anhing von dem Meer her, da er dessen viel ausgestanden hatte. Er fürchtete sich auch so fast sehr, daß ich ihn verlassen möchte, als man sich immer sollte einbilden können: und ob ich schon allezeit ihm zur Seiten stund, so rief er mich doch ohn Unterlaß. Endlich starb er am siebenten Tage seiner Krankheit, welches mich sehr betrübte; ich ließ ihn aufs beste als immer möglich zu *Orleans* in der Kirchen zum heiligen Kreuz, woselbst er auch annoch ruhet, begraben. Gott habe seine Seele, dann er starb als ein guter Christ. Und wahrlich, so mein Tod mich nicht daran verhindert, so will ich noch diese Kirche mit etlichen Einkünften versehen, **um alle Tage unterschiedliche Messen für seine Seele zu halten.**

Wer nun die Beschaffenheit meiner Wiederkunft und Freude meiner *Petronellen* sehen will, der beschaue uns beide hier zu Paris über der Pforten der Capell St. Jacobs de *la boucherie*, auf der Seiten, und nahe bei meinem Hause, woselben wir (in Stein) abgebildet und abgemalet sein, da stehen wir, ich zwar dem heiligen Jacob von Gallizien auf den Knien dankend, und *Petronella*, dem heiligen Johanni, welchen sie oftermals angerufen hatte: und also habe ich durch die Gnade Gottes und Vorbitte der gebenedeiten Heiligen Jungfrauen, auch derselbigen Heiligen St. Jacobi und Johannis, gewußt, was ich so sehr gewünschet, nämlich die *prima principia* oder ersten Anfänge; jedoch bei weiten noch nicht ihre erste *präparation* oder Bereitung, welches die allerschwereste Sache über alle Dinge der ganzen Welt ist. Aber ich erlangete, endlich auch diese, nachdem ich drei ganzer Jahr lang und mehr in vielen verdrießlichen Irrwegen herum gesudelt hatte; innerhalb welcher Zeit ich anders nicht täte, als arbeiten und studieren, wie man mich anschauen kann außerhalb dem Schwibbogen, da ich die *Processiones* an die zween Pfeiler habe abmalen lassen, da ich zu denen Füßen des Heiligen Jacobs und Johannis stehe, Gott stets bittend, mit einem Rosen-Kranze in der Hand, und in einem Buche ganz aufmerksam lesend.

Ich betrachtete sehr fleißig die Worte der Philosophen, und versuchte hernach unterschiedliche Arbeiten, die ich durch Anleitung ihrer Wörter einbildete zu verstehen. Endlich fand ich, was ich so lange suchte und begehrte, welches ich denn stracks bei dem starken Geruch erkannnte.

Da ich nun auch dieses erhalten, vollbrachte ich vollends gar leichte das *Magisterium* oder die Meisterschaft, denn nachdem ich nun das *primum agens* oder die *Prima agentia* wußte zu präparieren, richtete ich folgende meine Arbeit nur nach dem Buchstaben meines Buchs, zumal ich nicht irren kunte, ob ich gleich gewollt hätte.

Die erste *projection* täte ich auf *Mercurium*, dessen ich ungefähr ein Pfund in sein Silber verwandelte, welches besser, als dasjenige, so aus den Erzgruben kömmt, gestalt ich solches selbst probieret, auch durch andere zu vielen malen habe probieren lassen, dieses war am *17. Januarii* am Montage, ungefähr zu Mittage, in meinem Hause, und in Gegenwart meiner *Petronellen* alleine, im Jahr der Menschlichen Erlösung 1382. Hiernach folgete ich meinem Buche von Wort zu Wort, und tät es auch mit dem roten Steine, über gleich so viel Quecksilber, auch in Gegenwart meiner *Petronellen* allein, und auch im selbigen Hause, den folgenden *25. Aprilis* gemeldten Jahrs, um 5 Uhr des Abends verwandelte ich das Quecksilber wahrhaftig in rein Gold, besser und geschmeidiger als das gemeine Gold. Ich kann es mit Wahrheit sagen, daß ich ihn, den Stein der Weisen, mit Hilfe meiner *Petronellen* (welche so wohl als ich selber es verstand, weil sie mir zur Arbeit geholfen, und wenn dieselbe sich unternehmen wollen, den Stein alleine zur Vollkommenheit zu bringen, so hätte sie gar wohl damit zum Ende kommen können) dreimal gemacht. Ich hätte zwar genug gehabt, so ich ihn nur einmal verfertiget; aber meine Belustigung war zu groß, in den Gefäßen die Wunderwerke der Natur zu sehen und zu betrachten.

Um dir zu zeigen, daß ich denselben dreimal gemachet, so wirst du solches in diesem Schwibbogen sehen, so du es zu erkennen weißt, und eigentlich verstehest, die drei Ofen, so denen gleich, welche zu unserer Arbeit dienstlich sein.

Ich befürchtete mich eine lange Weile, daß *Petronella* die Freude dieser höchsten Glückseligkeit (welches ich von mir selbst abnahm) nicht würde verbergen können, und vielleicht ein oder ander Wort von diesen großen geheimen Schätzen, die wir besaßen, gegen ihre Verwandten möchte fallen lassen, maßen eine übergroße Freude eben so sehr, als eine allzu große Traurigkeit die Sinne beraubet. Aber die Gütigkeit des Allergrößten Gottes hatte mich nicht mit diesem einigen Segen allein überschüttet, daß er mir eine keusche und kluge Frau gegeben, sondern auch daß sie dasjenige, was dem Verstande gemäß, zu Werke richten könne, zu geschweigen, sie mit mehrer Bescheidenheit und Verschwiegenheit als insgeheim die Weiber zu sein pflegen, begabet war. Insonderheit war sie sehr Gottesfürchtig, deswegen als sie keine Hoffnung mehr Kinder zu empfangen hatte, auch sich ziemlich bei Jahren befand, so fing sie neben mir an ihre Gedanken bloß auf Gott zu setzen, und der Werke der Barmherzigkeit sich zu befleißigen.

Wie ich nun diesen kurzen Begriff unseres Tuns und Handelns beim Ausgang des Jahres 1413 nach Absterben meiner treuen Gesellin (welche ich die ganze Zeit meines Lebens beweinen werde) beschrieb, hatten wir beide bereits in dieser Stadt Paris 14 Hospitalen gestiftet und mit Einkünften begabt, drei Kapellen von neuen gebauet, und sieben Kirchen mit großen Gaben und stattlichen Renten versehen, zu geschweigen die Wiederaufrichtungen ihrer Kirchhöfe, und was wir außer dem zu *Bononien* angewendet, welches nicht weniger noch geringer, als was in dieser Stadt geschehn, ich will nicht sagen, was für gute Werke wir den *Privat*-Armen, vornehmlich den dürftigen Witwen und Waisen erwiesen, welchen, so ich ihre Namen meldete, auch auf was Weise ich solches getan, kund machte, ob mir gleich die Vergeltung in dieser Welt möchte gegeben werden, so würde ich noch diesen guten Leuten (welche Gott segnen solle) ein Mißfallen dadurch erweisen, das ich um aller Welt Gut nicht tun wollte.

Als ich nun diese Kirchen, Kirchhöfe und Hospitalen in dieser Stadt aufbauen ließ, entschloß ich mich unter den vierten Schwibbogen des Kirchhofes der Unschuldigen Kinder, wann man aus der Straßen St. Dionysii durch die große Pforte hinein gehet, und die rechte Hand nimmt, die wahrhafte und wesentliche Kennzeichen der Kunst, jedoch unter der Hieroglyphischen oder nachdenklichen Figuren, Deckmantel, gleichwie der Jude Abraham in seinem vergüldeten Buche, getan, abmalen zu lassen, welche nach Begreifung und Wissenschaft derjenigen, so es beschauen werden, zwei Dinge vorbilden. Und zwar erstlich die Geheimnis unserer künftigen und ungezweifelten Auferstehung zu Gerichts-Tage und Zukunft unsers liebsten Jesu, (der uns seine Barmherzigkeit erweisen wolle) welcher Historia sich auf einen Kirchhof sehr wohl schicket. Hiernächst kann es auch denen, so in der *natürlichen* Philosophia erfahren, alle die vornehmsten und nötigsten Arbeiten der Meisterschaft bezeichnen.

Diese hieroglyphischen Figuren werden sein, als zwei Wege zu dem himmlischen Leben zu führen; der erste Sinn, so etwas mehr klar und offen ist, lehret die heiligen Geheimnisse unserer Seligkeit, (als ich hernach zeigen will). Der andere lehret einen jeglichen, so wenig Verstandes er auch in der Wissenschaft des Steins haben mag, den schnur geraden Weg des Werks, und wenn derselbe durch jemand verfertiget ist, so verwandelt er den bösen Menschen in einen Frommen, und reutet von ihm aus die Wurzel aller Sünde, welche der Geiz ist, machet ihn freigiebig, sanftmütig, fromm und Gottesfürchtig, so bös und verkehrt als er hiebevor auch immer mag gewesen sein. Denn er wird hinfürters gleichsam entzücket über der großen Gnade und Barmherzigkeit, die er von Gott erlanget, und über die Tiefe seiner göttlichen und wundersamen Werke.

Dieses sind die Ursachen, so mich bewogen, diese Figuren auf solche Art an diesem Ort, der ein Kirchhof ist, setzen zu lassen, damit, wann jemand dies unschätzbare Gut erlanget, und dieses güldene Vlies erwirbet, er gleich, wie ich, dahin gedenke, daß er nicht dieses von Gott gegebene Pfund in der Erden vergraben halte, in dem er Ländereien und große Güter, welches die Vergänglichkeiten dieser Welt sein, an sich kaufe, sondern vielmehr die Werke der Liebe und Barmherzigkeit an seinen Brüdern übe, sich erinnernd, daß er dieses Geheimnis zwischen den Toten-Beinen erlernet, bei welchen er sich auch bald finden werde, und daß nach diesem vergänglichen Leben man vor dem gerechten und strengen Richter, der auch von einem jeden vergeblichen und unnützen Worte Rechenschaft fordern werde, Rechenschaft geben müsse.

Schließlich wolle derjenige, welcher diese Worte wohl erwogen, und meine Firguren wohl erkannnt und verstanden hat (jedoch daß er von einem andern Ort die *prima principia* und *agentia*, das ist die ersten Anfänge und wirkende Dinge verstehe und einnehme, zumalen er in diesen Figuren und Auslegungen kein einzig Spürzeichen oder Nachrichtung davon finden wird), zur Ehre Gottes die Meisterschaft des Hermetis vollenden, sich aber dabei der Katholischen Apostolischen Römischen und anderer Kirchen, Kirchhöfe und Hospitalen, voraus dieser Kirchen der Unschuldigen Kinderlein in dieser Stadt, auf wessen Kirchhofe er die wahrhaften Beweistume beschauen kann, zu erinnern, seinen Beutel gegen die
geheimen Armen, Vertriebenen, Kranken, Witwen und
verlassenen Waisen, reichlich zu öffnen, mit
allem Fleiß sich angelegen sein lassen,
Amen!

Geistliche Auslegung über die Hieroglyphischen Figuren,

nach des Autoris Meinung

Das 1. Kapitel

Diesem Kirchhof habe ich ein Beinhaus gegeben gleich gegen dem vierten Schwibbogen über auf der einen Seiten des Kirchhofes, und an einer Säule desselben Beinhauses habe ich gröblich entwerfen und malen lassen einen ganzen schwarzen Mann, der gedachte hieroglyphische Figuren gerade ansiehet, mit dieser überschriebenen Französischen Schrift: ich sehe groß Wunder, darüber ich sehr bestürzet bin.

Jedoch soll dieses (wie auch die drei vergüldete Platten von Eisen und Kupfer gegen Ost, West, und Süden desselben Schwibbogens, wo mehrgemeldte hieroglyphischen Figuren auf der andern Seiten des Kirchhofes stehen, durch welche das heilige Leiden und Auferstehung des Sohns Gottes repräsentieret wird) nicht anders ausgedeutet werden, als nach dem gemeinen Verstand der *Theologen*. Ausgenommen, daß besagter schwarzer Mann über die großen Werke Gottes, sowohl in Verwandelung der Metallen, die in diesen Figuren, welche er so steif anschauet, abgebildet sind, als auch daß er so viel Toten Körper begraben siehet, die doch an jenem Tage des gestrengen Gerichts aus ihren Gräbern wieder hervor kommen werden, sich verwundert.

Sonst achte ich auch unnötig *theologisch* auszulegen das irdin Gefäß, so zur rechten Hand bei den Figuren befindlich, in welchem, (wann die Schnure davon weg getan, und das Pennal an das Dinten Horn gefügt wird) ein Schreibzeug oder vielmehr das philosophische Gefäß enthalten ist; auch nicht die andern zwei gleiche Gefäß, die an beiden Seiten der Bilder St. Petri und Pauli gefunden werden, an welchen gesehen wird ein N., welches bedeut *Nicolaus*, und das F. *Flamell*, zumal diese Gefäße nichts anders anzeigen, dann daß ich in dergleichen dreimal die Meisterschaft ausgearbeitet habe.

Der aber auch sonsten dafür halten will, daß ich dieses, nämlich die Überschrift und die fordersten großen Buchstaben meines Namens an statt der Wappen sezten lassen, mag es wohl glau-

PATER OMNIPOTENS
O REX SEMPITERNE
DELE MALA QUÆ FECI
ad Cap. V.
ad Cap. VI.
ad Cap. III.
ad Cap. IV.
ad Cap. VI.
HOMO VENIET AD IVDICIVM DEI
ERIT ILLA DIES TREMEBILIS
ad Cap. II
NICOLAS FLAMEL ET PERRENELLE SA FEMME.

pag. 41.
BONE.
ad Cap. VI.
ad Cap. VIII.
ad Cap. VI.
ad Cap. VII.
ad Cap. IX.
SVRGITE MORTVI VENITE
MEI
COMMENT LES INNOCENS FU-
RENT OCCIS PAR LE COMMAN
DEMENT DU ROY HERODES

ben, so er will, dann alle diese beide Auslegungen nicht falsch sein. So ist auch ebener maßen die folgende Schrift, nämlich *Nicolaus Flamellus* und *Petronella* seine Frau, nicht theologisch auszudeuten, immaßen es anders nicht sagen will, als daß wir beide diesen Schwibbogen verehret: was die nachfolgende dritte, vierte und fünfte Tafel, wobei geschrieben, wie die unschuldigen Kinderlein durch Befehl des Königs Herodis getötet worden, betrifft; so ist die *theologische* Meinung aus eben derselbigen Überschrift abzunehmen; derowegen ich nur von den übrigen etwas reden will, welche oben sind.

Die beiden zusammen gefügten Drachen, von Farben schwarz und himmelblau im sandigen, das ist im schwarzen Felde, deren einer vergüldete Flügel, der ander aber gar keine Flügel hat, sind die Missetaten, welche natürlich gleichsam mit Ketten aneinander geheftet, zumalen eine aus der andern geboren wird, von welchen etliche leichtlich können vertrieben werden, denn sie kommen leichtlich und fliegen gleichsam alle Stunden auf und zu uns los; die aber keine Flügel haben, können so leichtlich auch nicht wieder verjaget werden, als da ist die Sünde wieder den Heiligen Geist. Das Gold an den Flügeln bedeutet, daß der größte Teil der Sünden aus dem leidigen Gold-Hunger, der so viel Leute betöret, und sie munter machet, daß sie keine Gelegenheit versäumen um selbiges zu erlangen, seinen Ursprung nehme. Die schwarze und blaue Farbe zeigen dergleichen Begierden, so aus dem finstern Brunnen der Höllen hervor quellen, welche wir höchstes Fleißes meiden sollen; die beiden Drachen können auch die unterschiedlichen *Legionen* der bösen Geister, die allezeit um uns schweben, und uns vor den gerechten Richter an dem gestrengen Gerichts-Tage anklagen werden, und anders nicht begehren, als uns zu sichten wie den Weizen, abbilden.

Der Mann und die Frau, die da folgen in Pomeranzen Farbe in einem *Lazur* und himmelblauen Felde, geben zu verstehen, daß niemand seine Hoffnung auf diese schnöde Welt setzen solle. Dann Pomeranzen Farbe bezeichnet Verzweifelung oder Verlust der Hoffnung, wie allhier. Die Farbe oder das Lazur und himmelblau, womit sie abgemalet sind, zeigen an, daß wir stets auf die künftige himmlische Dinge unsere Gedanken setzen und sprechen sollen, wie die Überschrift des Mannes zeiget: der Mensch wird zum

Gerichte Gottes kommen, oder wie die andere, bei der Frauen stehende Rolle lautet: derselbe Tag wird in der Wahrheit erschrecklich sein; damit wann wir uns vor den Drachen, das ist, vor Sünden hüten, Gott uns Barmherzigkeit erweise.

Hierauf folgen nun in einem grünen Felde zween Männer und eine Frau so von den Toten auferstehen, deren einer aus dem Grabe, die andern zween aus der Erden steigen: alle drei von der allerreinesten, weißen Farbe, ihre Hände in die Höhe, und die Augen gegen den Himmel wendend. Über diese drei Körper sind zween Engel, welche auf musikalischen Instrumenten blasen, gleich als wenn sie diese Toten zum Jüngsten Gericht gefordert hätten: denn über diesen zween Engeln stehet die Figur unseres Herrn Jesu Christi, die Welt in seinen Händen haltend, auf dessen Haupt ein Engel eine Krone aufsetzet, welchem zween andere Engel beistehen die vermöge ihrer Zedeln sagen: o Allmächtiger Vater, O gütiger Jesu.

Auf der rechten Seiten unsers Seligmachers ist St. Paulus abgemalet, ein Schwert haltend, und in Weißgelb gekleidet, zu dessen Füßen sich ein Mann befindet mit einem Pomeranzen Farben Rock angetan, an welchem etliche schwarze und weiße Falten erscheinen, der mir nach dem Leben gleichet, und mit zusammen gefaltenen Händen um Vergebung seiner Sünden bittet, mit einem Zedel, dieses Inhalts: tilge das Böse, so ich begangen.

Auf der andern Seiten zur linken Hand ist St. Petrus mit seinem Schlüssel, gekleidet in Rotgelb, welcher die Hand auf eine in Pomeranzen-Farben Rock angezogene und zu seinen Füßen knieende Frau geleget, (so meine *Petronella* nach dem Leben *repräsentieret*) welche mit zusammengefaltenen Händen einen also lautenden Zedel hält; ich bitte, Herr Christe, sei mir gnädig! Hinter derselben find sich ein Engel auf den Knien, welcher besage des Zettels spricht: sei gegrüßet du Herr der Engel. So siehet man auch hinter meinem Bilde einen Engel auf den Knien bei St. Paulo, der eine Rolle hält, darauf geschrieben stehet: O du ewiger König. Dieses ist nun alles klar nach der Auslegung der Auferstehung und künftigen Gerichts, so alles darauf gar wohl und leicht kann gezogen werden, zu malen es auch scheinet, daß dieser Schwibbogen anders nicht als zu dieser Vorbildung gemalet sei; derohalben hat man hie sich auch nicht länger damit aufzuhalten, weilen die schlechtesten und einfältigsten Leute ihm diese Auslegung wohl geben können.

Nach diesen Dreien so auferstehen, kommen noch zween Engel in Pomeranzen-Farbe, in blauen Felde; vermöge ihrer Rollen oder Zedel sagend: stehet auf ihr Toten, kommet zum Gerichte meines Herrn; dieses dienet nun ebenmäßig zur Erklärung der Auferstehung, wie nicht weniger die folgenden und letzten Figuren, welche sind im Viol-braunen Felde, nämlich ein Zinnoberroter Mann, der einem ebenmäßigen Zinnober Farben geflügelten und gleich als zum verschlingen eines Menschen das Maul weit aufsperrenden Löwen den Fuß hält, man kann auch sagen, daß diese Figur einen armseligen Sünder abbildet, der in verderbliche Laster, als in einen Todes-Schlaf versunken, ohne Reue, Buße und Beicht wegstirbet, welcher sonder allen Zweifel an diesem erschrecklichen Tage, dem Teufel, als einem allhier rot abgemalten brüllenden Löwen überliefert, auch von demselben gänzlich verschlungen und weggeführet werden wird.

Philosophische Auslegung nach der Meisterschaft Hermetis

Das 2. Kapitel

Ich wünsche von Grunde meines Herzens, daß derselbe, so da dieses Geheimnis der Weisen suchet, zu forderst in seinem Gemüt diese ursprüngliche Gestalten der Dinge und Vorbildung der Auferstehung und künftigen Lebens gar oft betrachte, und seinen Nutzen daraus stifte, zum andern sich mehrer Klugheit befleißige, als er hiebevor getan, auch meinen Firguren, insonderheit den Farben und beigefügten Rollen oder Zedeln in dem Grunde tief nachsinne: fürnämlich aber sage ich noch einmal den Zedeln, weil wir in dieser Kunst gar nicht auf gemeinsame Art reden: fürters sich selbsten frage, warum das Bild St. Pauli zur rechten Seiten stehe, da man doch den Heiligen Petrum pfleget hin zu malen. Warum das Bild St. Pauli in weißgelber, und St. Petri in rotgelber Farbe gekleidet? Warum auch der Mann und das Weib die zu den Füßen der beiden Heiligen Gott anrufen, als ob sie vor dem jüngsten Gericht stünden, in unterschiedliche Farben gekleidet, und nicht nackend sind, wie diejenige, so auferstehen? Warum der Mann und das Weib an diesem Gerichts-Tage zu den Füßen der Heiligen gemalet, dann sie müßten niedriger zur Erden stehen, und nicht im Himmel? Warum auch die beiden Pomeranzen Farben Engel, die vermöge ihrer Rollen sagen; stehet auf ihr Toten, kommet zum Gerichte meines Herrn, mit solcher Farbe angetan; und außer ihrem Ort stehen, welcher sonst mit den andern beiden Engeln, die auf den *Instrumenten* blasen, droben im Himmel ist? Vornehmlich aber, warum sie in Viol- braunen und himmelblauen Felde sind? Vornehmlich aber, warum ihre Rollen, dessen Einhalt auf die Toten gerichtet, sich in dem aufgesperrten Rachen des roten und fliegenden Löwens endiget.

Nach diesen und vielen andern Fragen, die man nicht unbillich anstellen könnte, wenn man die Augen des Verstandes auftun wollte, ist zu schließen, daß dieses alles nicht ohne Ursache geschehen, und daß hinter diesem Vorhang große Geheimnisse verborgen stecken. Derohalben wollte ich, daß er möchte Gott bitten, ihn zu würdigen, um ihm dieselbe zu eröffnen. Nachdem er nun bis hieher seinen Fuß gleichsam staffels weise gesetzet, wünsche ich noch zu diesem, daß er glaube, daß diese Figuren und deren Auslegungen nicht für diejenige, welche niemals die Bücher der Philosophen angesehen, auch der Anfange der Metallen unkundig, und derowegen nicht für Kinder dieser Wissenschaft gehalten werden können, gemachet sein. Dann so sie vermeineten diese Figuren gänzlich zu verstehen, und kennen doch das *primum agens* oder erst-wirkende nicht, werden sie sich außer allen Zweifel betrügen, und nimmer nichts im Grunde erlernen.

Wolle derowegen niemand, der mich nicht so gar bald verstehet, mich lästern, dann er ist mehr zu schelten als ich, weilen er, als der in diesen heiligen und geheimen Ausdeutungen des *primi agentis* oder erst-wirkenden, (welches doch der Schlüssel ist, der die Pforten aller Wissenschaft aufschleußt) noch nicht eingeweihet, weder einen guten Anfang gemacht, sich nichts destoweniger unterwinden will, die subtilesten Entwerfungen der neidigen und aller spitzfindigsten *Philosophorum* zu verstehen, welche doch nicht als für dieselbe, so bereits die Wissenschaft dieser Anfänge (welche niemals in einigen Büchern beschrieben gefunden werden, weilen sie solches Gott heimstellen, daß Er es, wem Er wolle, offenbare, oder mit, lebendiger Stimme durch einen Meister vermittelst caballistischer Übergab, jemanden, welches doch gar selten geschieht, zu lehren lasse) erlanget, geschrieben sein.

Derowegen mein Sohn, (dann ich kann dich also nennen, weilen ich nun zu großen Alter kommen bin, und sonsten du vielleicht ein Sohn der Wissenschaft sein magst) lasse dich Gott lehren und zunehmen, auch arbeiten zu seinen Ehren. Darum höre mir fleißig zu, schreite aber nicht weiter fort, du wissest dann zuvor die obbemelten Anfänge.

Dieses irden Gefäß in dieser Gestalt ist von den *Philosophis* das dreifache Gefäß genannt, dann in demselben ist der Mitten der Boden, und über demselben eine Schüssel voll laulichter Aschen, in welcher das Philosophische Ei lieget, welches ein weit-bäuchig Glas voller Kunst bereiteten *Materien*, (als des Schaums des roten Meers und der Feiste des mercurialisches Windes) ist, wie du solches in Gestalt eines Schreibzeuges abgemalet siehest.

Dieses irden Gefäß wir oben geöffnet um die Schüssel und das Glas hinein zu setzen, unter welchen durch die geöffnete Tür das Philosophische Feuer (wie du weißt) gesetzet wird. Derohalben hast du drei Gefäß, welche die mißgünstigen *Athanor*, ein Sieb, Misthaufen, Marien Bad, einen Brenn-Ofen, runde Kugel, grünen Löwen, Gefängnis, Grab, Brunz-Kachel, *Phiol* und Cucurbit genannt haben. Ich selbst in meinem Philosophischen *Summario*, welches ich nun vor vier Jahren und zween Monat zusammen getragen, nenne es am Ende desselbigen, das Haus und Wohnung des Hünleins, und die Asche der Schüssel nenne ich Spreuer des Hünleins. Sein gemeiner Name heißt das Öfelein, welches ich niemals gefunden wo nicht der Jude Abraham dasselbe mit seinem *proportionierten* Feuer, in welchem ein groß Teil des Geheimnisses bestehet, abgemalet hätte. Denn es ist gleich als der Bauch und die Bärmutter, die wahre natürliche Wärme (um unsern jungen Könige das Leben zu geben) in sich begreifend. Wenn dieses Feuer, (saget *Calid* ein Perser, des *Zazichi* Sohn) nicht Backofen mäßig gewesen ist, usw. Wenn es mit dem Degen angezündet gewesen, sagt Pythagoras, wann du dein Gefäß glühend machest, spricht *Morienus*, und es die Hitze des Feuers empfinden lässest, so wird es dir einen Backenstreich geben, und wirst seine Blumen verbrennen, ehe sie aus dem Grunde ihres Marks in die Höhe steigen, und werden die Roten ehe, denn die Weißen hervor kommen, so wird alsdann deine Arbeit zerstöret sein. Wie auch, wenn du das Feuer zu klein machest, maßen du solcher Gestalt auch nicht zu einiger Zeit ein glückliches Ende erreichen wirst, wegen Erkaltung der Natur, welche von der Wärme nicht gnugsame kräftige Bewegung gehabt, um unter einander die behörliche Verdauung zu haben.

Derohalben soll die Wärme deines Feuers in diesem Gefäß sein, wie *Hermes* und *Rosinus* sagen, nach dem Winter; oder wie Diomedes spricht; der Wärme eines Vogels gleich sei, der gar gemach anhebt zu fliehen von dem Zeichen des Widders bis zu dem Zeichen des Krebs. Du sollst aber willen, daß das Kind von Anfang der Phlegmatischen Kälte und Milch voll sei, und die gar zu große Hitze eine Feindin sei der Kälte und Flüchtigkeit unsers neugeborenen und unzeitigen Kindes, (*Embryonis*) und daß die zween Feinde, nämlich das kalte und hitzige Element sich niemals vollkömmlich umfangen und vereinigen werden, es geschehe dann allgemach, und nachdem sie zuvor eine lange Zeit mitten in der *temperierten* Wärme ihres Bades bei einander gewohnet, und durch langes Verkochen in einen unverbrennlichen Schwefel verändert sein. Regiere derowegen dein berühmte und Herrliche Naturen sänftiglich, in Gleichheit und *Proportion*, damit, wenn du etwan dem einen mehr favorisierest als dem andern sie als natürliche Feinde, sich nicht trotziglich wider dich auflehnen im trockenen Eifer und Zorn, und dir eine lange Zeit das Seufzen hinterlassen.

Eben an demselben Ort mußt du sie stets unaufhörlich in eben der *temperierten* Wärme, nämlich Tag und Nacht ernähren und unterhalten, bis der Winter, das ist, die Zeit der Feuchtigkeit deren Materien vorbei gangen, denn sie machen unter sich Frieden und geben einander wechselweise die Hände, wenn sie sich untereinander erwärmen, und wenn das Feuer nur eine halbe Stunde mangelte, so würden die Naturen nimmermehr mit einander wieder zu versöhnen sein. Weswegen gesaget ist in dem Buche der siebenzig Geboten: Verschaffe, daß ihr Feuer unaufhörlich daure, ohne einige Hinterhaltung, und daß kein einziger Tag hierunter vergessen werde. Und *Rhasis* saget: die Eilfertigkeit welche zugleich ein gar zu großes Feuer mit sich führet, hat allezeit den Teufel und Irrtum zum Gelehrten. Wenn der güldene Vogel (saget *Diomedes*) wird bis zum Krebs gelanget sein, und er von dannen nach der Waage läuft, alsdann mußt du ein wenig das Feuer vermehren. Ebenmäßig auch, wenn dieser schöne Vogel von der Waage nach dem Steinbock fliegen wird, welches ist der gewünschte Herbst, die Ernte-Zeit und Einsammlung der Früchte.

Zwei Drachen von Farben gelbig, himmelblau
und schwarz, gleich wie auch ihr Feld
Das 3. Kapitel

Betrachte wohl diese beide Drachen, denn dies sind die wahren Anfänge der *Philosophiae*, welche die Weisen ihren eigenen Kindern nicht haben zeigen dürfen. Derjenige, welcher unten lieget, und ohne Flügel sich befindet, wird das fixe und beständige, oder der Mann genennet, Der Oberste aber ist das flüchtige, oder das schwarze dunkle Weib, so jetzt in vielen Monaten die Herrschaft nehmen wird. Der erste wird *Sulphur* genannt, oder das Warme, und Trockene. Das andere wird geheißen Quecksilber, oder die Kälte und Feuchte. Diese sind die Sonne und der Mond aus einer mercurialischen Quelle und Sulphurischen Ursprungs, die durch ein stetiges Feuer mit Königlichen Kleidern gezieret werden, welche, wann sie vereiniget und hernach in das fünfte Wesen verkehret sind, alle dichte, harte und starke Metallische Dinge überwinden können. Diese sind Schlangen und Drachen, welche, die alten Ägyptier in Gestalt eines Cirkels gemalet, da der Kopf in den Schwanz beißt, um dadurch zu lehren, daß sie von und aus einem Dinge entsprossen, welches allein und für sich selbsten genug sei, daß es in seiner Rundierung und *Circulation* sich vollkommen mache. Diese sind die Drachen so die alten *Poeten* bestellet, ohne Schlafen die güldenen Äpfel im Garten der Hesperidischen Jungfrauen zu bewahren. Diese sind diejenigen über welche *Jason* in seinen Abenteuer des güldenen Vlieses die durch die schöne *Medeam* ihme zugerichtete Suppe verschüttet, von welchen Diskursen die Bücher der Philosophen dergestalt angefüllet sind, daß kein einziger *Philosophus* jemals gewesen, von dem wahrhaftigen *Hermete Trismegisto, Orpheo, Pythagora, Artephio, Morieno* und andern folgenden, bis auf mich zu rechnen, der nicht von diesem Dinge geschrieben hätte.

Diese sind die beiden von *Junone* (welche ist die Metallische Natur) herabgesandte Schlangen, die der starke *Hercules* (das ist der Weise in seiner Wiegen) erwürgen, das ist, überwinden und töten soll, um dieselbige im Anfang seines Werks verfaulen, zerstören, und gebären zu lassen. Diese sind die beiden Schlangen, welche um den Heroldsstab und Rute des *Mercurii* fest gemachet sind, vermittelst deren er seine große Macht erweiset, und in was vor Gestalten er will, sich verändert. Derjenige (sagt *Haly*), welcher hievon eine wird ertötet haben, der wird auch die andere töten, dann die andere kann ohne ihren Bruder nicht sterben, Derowegen, wann diese beide, (welche *Avicenna* die Hündin von *Carascene* und den Hund von Armenien nennet) in dem Gefäß des toten Grabes zusammen gesetzet sind, so zerbeißen sie sich untereinander grausamlich, und durch ihren großen Gift und eiferiges Wüten verlassen sie von der Zeit an, da sie sich zugleich angefasset, einander nicht, (es sei dann, daß sie die Kälte verhindere) bis sie alle beide von ihrem ausgeifernden Gifte und tötlichen Wunden durch alle Teile ihrer Leiber voll mit Blute beschmitzet, sich endlich einander gänzlich ertötet, und in ihrem eigenen Gift, der sie dann folgendes nach ihrem Tod in ein lebendiges und bleibendes Wasser verkehret, erstickt haben. Zuvor aber verlieren sie durch die *Corruption* und *Putrefaction* ihre erste natürliche Gestalten um eine neue, edlere, und bessere an deren statt hernach anzunehmen.

Diese sind die beiden Männlich und Weibliche Samen, so im Anfang meines *Summarii Philosophici* beschrieben, und, wie *Rhasis*, *Avicenna* und *Abraham der Jud* sagen, in den Nieren und Eingeweiden, ja aus den Wirkungen der vier Elementen selbst gezeuget sind. Diese sind das *Humidum radicale* (die wurzliche Feuchtigkeit) der Metallen, *Sulphur* und *Mercurius* (Schwefel und Quecksilber) nicht aber die gemeine, so von den Krämern und Apothekern verkauft werden, sondern dieselben, so uns diese beide schöne und angenehme von uns so hochgeliebte Leiber darreichen. Diese zween Samen, sagt *Democritus*, werden nicht auf Erden der Lebendigen gefunden. Solches bezeuget auch *Avicenna*, aber er setzt noch hinzu: daß sie von dem Mist, Unsauberkeit und Verfaulung der Sonnen und des Mondes gesammlet werden. O wie glückselig sind die, welche dieselben zu sammlen wissen, dann sie machen hernach von denselben einen *Theriac*, der Kraft und

Macht wieder alle Schmerzen und Traurigkeit, Krankheit, Blödigkeit und Schwachheit, der auch kräftiglich wieder den Tod streitet, und das Leben nach Gottes Zulassung bis auf die bestimmte Zeit erlängert, über alles Elend dieser Welt triumphierend. Von diesen beiden Drachen oder metallischen Anfängen habe ich in meinem oben angezogenen *Summario* gesaget: daß der Feind durch seine Hitze das Feuer seines Feindes anzünden, und alsdann, wo es nicht verhütet, ein giftiger und übelriechender Rauch in der Luft zu sehen, der ärger und schädlicher an Flamme und Gift, als das giftige Haupt einer Schlangen und Babylonischen Drachen sein würde.

Die Ursache, warum ich dir diese beide Samen in Drachen gestalt malen lassen, ist diese, weil ihr Gestank sehr groß ist, und ihren Gifte gleichet; auch die Ausdämpfungen, so in dem Glase in die Höhe steigen, dunkel, schwarz, himmelblau und gelbig sein, gleich wie diese beide Drachen sein abgemalet, deren Farbe und ihrer aufgelöseten Körper Macht so giftig ist, daß wahrhaftig in der Welt kein größeres Gift gefunden wird, zumalen es durch seine Kraft und Gestank alle lebendige Dinge umzubringen, und zu töten vermag. Der *Philosophus* aber empfindet nimmer diesen Gestank, wo er nicht seine Gefäße zerbricht, sondern er urteilet nur durch das Gesicht, und aus der Verfäulung, (seiner zusammen gesetzen Dinge) herrührenden Veränderung der Farben, daß es also sei.

Bedeuten derowegen die Farben so durch die Zerbeißung und Auslegung unserer vollkommenen Körper entstanden, die Verfaulung und Gebärung, welche Auflösung von der äußerlichen Wärme herrühret, geholfen von der Pontischen Feurigkeit, und wundersamen sauren und scharfen Tugend des Gifts unsers Mercurii, der alles, was er findet, und ihm wiederstehet in reinen Staub, oder vielmehr in ein unbegreifliches Pulver bringet und auflöset. Wann derowegen die wirkende Wärme über und wieder die zähe und ölichte Metallische Grundfeuchtigkeit, ihre Wirkung auf gemeldte Weise verrichtet, gebieret sie in dem *Subjekto* die Schwärze, dann eben zur selben Zeit löset sich die Materia auf, wird zerstöret, wird schwarz, und empfänget um zu gebären: dann eine jegliche Zerstörung ist eine Gebärung, soll derowegen diese Schwärze allezeit gewünschet, und begehret werden.

Demnach ist dieselbe das schwarze Segel, mit welchen des *Thesei* Schiff sieghaft aus *Creta* wieder kommen, so eine Ursache seines Vaters Todes gewesen: ja also muß der Vater sterben, damit aus der Aschen dieses *Phönix*, ein anderer wieder geboren werde, und der Sohn ein König sei. Gewißlich wer diese Schwärze im Anfang seines Werks nicht siehet, was für alle andere Farben währender Zeit des Steins ihm auch erscheinen, der tritt weit ab von dem rechten Wege der Meisterschaft, und kann sie weiter in diesem *Chaos* nicht vollführen. Dann wer nicht *putrificieret*, der arbeitet nicht recht, zumalen ohne die *Putrefaction* nichts zerstöret noch geboren wird, auch verfolglich der Stein kein vegetabilisch Leben zu wachsen, und sich ferners zu vermehren, empfangen kann. Und ich sage dir nochmals in Wahrheit wann du gleich in den wahrhaftigen *Materien* arbeitest, so du in Anfang, nach dem du die zugerichtete *Materien* (*confectiones*) in das Philosophische Ei gesetzet, in weniger Zeit, wann sie von ferne erwärmet und angereizet, dieses schwarze Raben-Haupt von der allerschwärzesten Schwärze nicht sehen wirst, so mußt du von neuen wieder anfangen, maßen dieser Irrtum nicht wieder erstattet noch verbessert werden kann, absonderlich muß man sich hüten für einer Pomeranzen oder rötlichen Farbe. Dann wann du dieselbe bei diesem Anfang in deinem Ei wahrnimmst, so verbrennest du sonder Zweifel, oder hast bereits verbrennet die grüne und Lebhaftigkeit des Steines. Die Farbe aber, so du eigentlich haben mußt, soll ganz vollkommen schwarz sein, gleich wie diese Drachen, und solches innerhalb vierzig Tagen Zeit.

Sollen derowegen dieselben, welche diese wesentliche Zeichen erlangen, sich bei guter Zeit von ihrer Arbeit abtun damit sie sich von dem gewiß erfolgenden Verderb entfreien mögen. Du sollst auch wissen, und gar wohl in acht nehmen, daß in dieser Kunst es wenig zu bedeuten habe, die Schwärze zu haben, gestalt nichts leichters ist als dieselbe zu erlangen, zumalen schier aus allen Dingen der Welt, so mit Feuchtigkeit vermischet sein, du der Schwärze durch das Feuer habhaft werden kannst. Du mußt aber eine Schwärze haben, die aus denen vollkommenen Metallischen Körpern hervor komme, die eine lange Zeit daure, und sich nicht verliere, als im fünften Monat, nach welcher alsdann die erwünschte Weise erfolget. So du dieselbe erhältest, so hast du viel, aber noch nicht alles.

Was die gelblichte und blaulichte Farbe belanget, bedeutet dieselbe, daß die Auflösung und Fäulung noch nicht allerdings zum

Ende kommen, und daß die Farben unsers *Mercurii* noch nicht wohl gemischet, noch mit dem übrigen verfaulet sein. Lehret derohalben diese Schwärze und die vorgemeldten Farben klärlich, daß im Anfang die *Materia* und das *compositum* oder zusammen gesetzte anfangen zu faulen, und sich aufzulösen, in ein viel kleinern Gezeug, als die Stäublein der Sonnen (*in materiam atomo folis minorem*) welcher hernach in ein bleibendes Wasser verwandelt wird, Diese Auflösung wird von den mißgünstigen *Philosophis* der Tod, die Zerstörung und Verderbung genennet, weilen die Naturen sich an der Form verändern, dannenhero sind so viel *Allegorien* von den *Toten, Sargen*, und Begräbnissen entstanden. Andere haben es eine Einäscherung (*Calcinatio*) Entblößung (*Denudatio*) Scheidung (*Separatio*) Zerreibung (*Trituratio*) Bratung (*Assatio*) gegennet. Weil die *confectiones* in die allerkleinesten Stücklein und Teile verändert und gebracht sind. Von andern ist es eine Zurückbringung in das erste Wesen, Weichmachung, Ausziehung, Vermischung, Zerschmelzung, Verkehrung, der Elementen, Subtilmachung, Zerteilung, Vergrabung, Einknetung, und Herabtreufelung genannt worden. Andere haben es *Ixir*, Fäulung, Zerstörung, Cymmerischen Schatten, Abgrund, die Hölle, Drache, Gebärung, Eingang, Untertauchung, Begreifung, Zusammensetzung und Schwängerung geheißen, weilen die Materia schwarz und wässrig ist, und die Naturen vollkommentlich sich vermischen, und eine der andern sich teihaftig machen. Dann wann der Sonnen Hitze über dieselbe wirkt, so verändern sie sich erstlich in ein Pulver, oder in ein fettes und kleberichtes Wasser, welches, so bald es die Hitze vernimmet, zugleich mit dem Rauch, das ist mit dem Winde und Luft in die Höhe zu dem Haupt des Hünleins fleucht. Darnach kommt dieses aus den *Confectionen* ausgezogenes und geschmolzenes Wasser wieder hernieder, und im Herunterfallen zerschmelzet und löset es von dem hinterstelligen Teil der gewürzten *Confectionen* auf, so viel es immer kann, und verfolget allezeit auf dieselbe Weise, so lange bis alles wie eine Schwärze und in wenig fette Brühe werde: darum wird dieses eine Erhöhung und Flüchtigmachung genennet, weil es in die Höhe fleucht: eine Auf- und Niedersteigung, weil es im Glase auf und nieder steiget. Nach etlicher Zeit fängt das Wasser an sich mehr einzudicken und zu *coagulieren*, und wird wie das schwärzeste Pech, endlich wird es ein

Corpus und Erde, welche die Mißgünstigen die stinkende Erde genennet haben, zumalen alsdann wegen der vollkommenen Fäulung (welche natürlich ist) diese, wie alle andere Erde stinket, und einen Geruch gibt, wie die mit Fäulnis und mit natürlicher Feuchtigkeit annoch beschwereten Knochen erfüllete Toten-Gräber. Diese Erde ist vom *Hermete* die geblätterte Erde geheißen, aber sein eigentlicher und wahrer Name ist *Laton* oder *Aes*, welcher hernach weiß gemacht werden soll. Die alten weisen *Cabalisten*, haben diese in ihren Veränderungen (*Metamorphosibus*) geschrieben unter der Figur des Schlangen *Martis*, so die Gefährten des *Cadmi* verschlungen, welcher dieselbe Schlange hernach getötet, und mit einer Lanzen wieder einen Eichbaum durchstochen, diesen Eichbaum nimm wohl in acht.

Mann und Weib in Pomeranzen Farbe gekleidet in einem Lazur und Himmelblauen Felde, und von ihren Rollen und Zedeln Das 4. Kapitel

Der allhier abgemalte Mann gleichet mir ausdrücklich und öffentlich nach dem Leben, wie nicht weniger die Frau natürlich *Petronellen* abbildet: die Ursachen, warum wir allhier nach dem Leben abgemalet sein, sind nichts besonders, zumalen es nichts denn nur einen Mann und Weib vorstellen sollte, darum auch eben nicht so nötig gewesen wäre, unsere rechte Abbildung allhier zu *repräsentieren*: aber es hat dem Bildhauer gefallen, dieselbe also anher zu setzen, gleich wie er auch zu oberst desselben Bogens getan, da wir zu den Füßen des heiligen Pauli und des heiligen Petri abgebildet sein, wie wir in der Jugend gewesen, und also auch anderswo an vielen Orten, nämlich über der Pforte der Capelle St. Jacobs *de la Boucherie*, bei meinem Hause (wiewohl dieses letzte aus einer sonderbaren Ursache geschehen) also auch über der Pforte der Heiligen *Genovevae Ardentium*, woselbst du mich sehen kannst. Allhier male ich dir nur zween Körper ab, ein Männlein und Weiblein, um dich zu lehren, daß in dieser andern *Operation* du wahrhaftig zwo Naturen, Männlich und Weiblich, aber noch nicht vollkommentlich habest zusammengesetzte und verheiratete

Naturen, oder viel mehr die vier Elementa, und daß die natürlichen Feinde, nämlich Wärme und Kälte, das Trockene und Feuchte, sich freundlich einander zu nähern anfangen, und vermittelst der zwischen gehenden Friedemacher allgemach die alte Feindschaft des ersten *Chaos* ablegen. Dir ist gnugsam wissend, welche diese Friedemacher zwischen der Wärme und Kälte sein, nämlich die Feuchte, denn sie ist beiden verwandt und verbunden, der Wärme zwar, wegen einer Hitze, und der Kälte, wegen seiner Kälte. Siehe nun warum du bereits um diesen Frieden zu stiften in der vorhergehenden *Operation* alle *Confectiones* vermittelst der Auflösung zu Wasser gemacht hast, hernach hast du das Wasser notwendig coagulieret, welches sich in diese Schwärze von aller Schwärze, schwärzeste Erde, um den Frieden gänzlich zu schließen, verkehret hat. Denn weilen die Erde die da trocken und feucht ist, auch eine Freundschaft und Verwandtschaft hat mit der Trockene und Feuchte, die da Feinde sind, wird dieselbe ganz und gar vereinigen und zufrieden stellen.

Betrachtest du nun nicht die vollkommene Vermischung aller dieser vier Elementen, in dem du dieselben erstlich durchs Wasser, nun aber in Erde verwandelt hast? Ich will dich folgends die andern Veränderungen, als in Luft, wenn alles weiß sein wird, und in Feuer, wenn alles vollkommen Purpur sein wird, auch noch lehren. Derowegen hast du nun hier zwo zusammen vereinigte Materialien, deren eine von der andern empfangen, und durch diese Empfängnis ist sie in des Männleins Leichnam, und der Mann in des Weibleins Leichnam verwandelt, das ist, sie sind ein einig *corpus* worden, welches die alten *Hermaphrodit*, welche man auch sonsten nennet das Raben-Haupt, und die verkehrte Elementen. Auf diese Weise male ich dir vor, daß du allhier zwo versöhnte Naturen hast, welche, so sie klüglich regieret und geleitet werden, einen *Embryon* in der Bärmutter des Gefäßes werden formieren können, und hernacher einen großmächtigen unüberwindlichen und unverweslichen König (weilen es eine wunderbare *Quinta Essentia* sein wird) gebären werden. Hie hast du nun die vornehmste und nötigste Endursache dieser Vorbildung.

Die andere Ursach, welche auch höchlich in acht zu nehmen ist, warum ich zwei *corpora* müssen abmalen lassen, ist diese: weil du in dieser Arbeit eine Teilung anstellen mußt, von dem was coagulieret ist, um davon hiernächst dem wachsenden Kinde, so bei dem lebendigen Gott mit einer anima vegetativa ist begabet, die Nahrung und Lebens-Milch zureichen. Und das ist das geheimste und höchst verwunderlichste *Secret*, welche aus Mangel der Begreifung, alle diejenige, so solches gesuchet und doch nicht funden, zu Narren, und alle, so es mit den Augen des Leibes, vielmehr aber des Geistes betrachtet haben, klug gemachet. Derohalben mußt du zwei Teil und *portiones* dieses *coagulierten* Körpers machen, wovon das eine der *Azoth*, um zu waschen und zu reinigen: das andere aber der Laton oder Erz sein wird, welches soll gewaschen oder weiß gemachet werden. Dieses so gewaschen ist, ist die Schlange *Python*, welcher seinen Ursprung aus der *corruption* und Schleim der Erden genommen, so sich aus den Wassern der Sündflut gesammlet, da alle Confectiones Wasser waren, der muß überwunden und getötet werden, mit den Pfeilen des Gottes *Apollinis*, durch die güldene Sonne, da ist, mit unserm Feuer, so dem Feuer der Sonnen gleich ist. Der aber; so wächset, oder vielmehr die Waschungen, die man mit der andern Hälfte stets *continuieren* muß, daß sind die Schlangen-Zähne, welche der kluge Arbeiter, das ist der tapfere *Theseus* muß in die Erde säen, woraus Krieges-Leute geboren werden, die sich endlich unter einander selbst zu nichte machen, und aus eigener Bewegung, durch Zusatz, in eben dieselbe Natur der Erden auflösen, und den verdienten Sieg davon tragen lassen. Hievon haben die Scribenten so oft geschrieben, und haben es so vielfältig wiederholet; es löset sich selber auf, es coagulieret sich, schwärzet und weißet sich, tötet sich selber, und machet sich selber lebendig. Ich habe ihr Feld *Lazur* und himmelblau malen lassen, um zu zeigen, daß ich jetzund erst anfange aus der überschwärzten Schwärze auszugehen. Denn die Farbe *Lazur* und himmelblau, ist eine der ersten Farben, welche uns das dunkele Weib, das ist die Feuchtigkeit, wann sie ein wenig der Wärme und der Trockene beginnet zu weichen, sehen lässet. Der Mann und das Weib sind meistenteils Pomeranzen Farbe, welches bedeutet, daß unsere *corpora* oder unser *corpus* (welches die Weisen allhier *Rebis* heißen) noch nicht genug *digerieret* sei, und die Feuchte, woraus das Schwarze, himmelblaue und Lazur entstehet, nicht mehr denn halb von der Trockene über alles herrschet und die Oberhand hat, so wird sie weiß sein. Wenn sie aber der Feuchte wiederstrebet, oder derselben gleich sein wird, so wirds alles bei nahe wie diese gegenwärtige Farben.

Die mißgünstigsten haben auch die *Confectiones* in dieser Operation genennet *Numus, Ethelia, Arena, Boritis, Corsufle, Cambar, Albaraeris, Duenech, Randerich, Rukul, Thabitris, Ebisemeth, Ixir,* usw. Welches sie weiß zu machen befohlen.

Das Weib hat einen weißen Circul, gleich einem Zedel oder Rolle um den Leib, um zu zeigen, daß Rebis sich auf dieselbe Art zu weißen beginnet, und am äußersten Ende des Circuls herum erst anfange weiß zu werden. *Schola Philosophorum* sagt: das Zeichen der ersten Vollkommenheit oder vollkommenen Weise ist die Offenbarung eines gewissen kleinen Haupt-Kranzes oder Capilarischen Circuls, das ist der über den Kopf gehet, und sich um die Materie auf den Seiten des Gefäßes in ein wenig gelbichter Farbe sehen lässet. Auf ihren Zedeln stehet geschrieben: der Mensch wird vor Gottes Gerichte kommen. Wahrlich (saget das Weib) derselbe Tag wird erschrecklich sein. Diese sind nun nicht aus der heiligen Schrift genommen, sondern sind nur Sprüche, welche nach Meinung der *Theologen* von der künftigen Auferstehung sagen. Es hat mir gefallen, dieselbige also hinzusetzen, auf das sie mir wieder diejenigen dienen, welche die Kunst ins Grobe, und allein nach der Natur betrachten, wenn die Ausdeutung für die Auferstehung genommen wird. Also dienen sie auch imgleichen denenjenigen, so die *Parabolen* oder Gleichnissen der Wissenschaft zu sammlen begehren, und Luchsen Augen gebrauchen, und über die sichtbaren *Objecta* aufs innerste hinein zu dringen; derohalben vorbesagte Wort; der Mensch wird vor Gottes Gerichte kommen, so viel sagen, als wenn ich sagte: dieses muß zu der vollkommenen Färbung gelangen, gerichtet, und von der Schwärze und Schmutz gereiniget, auch Geistlich gemacht und geweißet sein. Wahrlich dieser Tag wird erschröcklich sein; ja wahrlich dieses findest du auch also in den *Allegorien Arislei.* Die Schauderung oder Erzitterung hält uns im Gefängnis achtzig Tage, in der Finsternis der Wellen, in der äußersten Hitze des Sommers und Wüten des Meers: welche Dinge alle vorher gehen müssen, ehe unser König weiß gemachet werde, und vom Tode zum Leben kommen könne, damit er hernach alle seine Feinde überwinde.

Damit ich dir nun diese Weißmachung (welche schwerer als der ganze Rest ist, und bis zu welcher Zeit du alle Tritte irren kannst, hernach aber nicht mehr, wofern du deine Gefäß nicht zerbrichst) noch besser lehren möge, so habe ich dir nachfolgende Tafel auch herzu gefüget.

Die Figur eines St. Paulo gleichenden Mannes,
in einem weißgelben mit Golde bordierten Rock gekleidet, ein bloßes Schwert in der Hand haltend, zu dessen Füßen ein Mensch mit gebogenen Knien, angezogen mit einem Pomeranzen, weißen, schwarzfarben Rocke, und in der Hand eine Rolle oder Zedel haltend
Das 5. Kapitel

Gib wohl Achtung auf diesen Menschen in Gleichheit des St. Pauli, und in einem ganzen gelbweißen Rock gekleidet. Er drehet in seiner Stellung (wann du ihn wohl betrachtest) gleichsam den Leib dergestalt um, als wenn er das bloße Schwert ergreifen, und dem Manne, der zu seinen Füßen kniet, in Pomeranzweißen und schwarzen Rock gekleidet, welcher vermöge seines Zedels saget: tilge aus das Böse, so ich begangen, den Kopf abhauen oder sonst etwas über denselben zur Hand nehmen wollte. Diese jetzt gedachte Worte sind so viel, als wenn er sagte: nimm meine Schwärze hinweg. Dieses ist eine Art zu reden in der Kunst. Denn das Böse, bedeutet durch Vergleichung die Schwärze, gestalt man solches gemeinigleich und oftermals in der Turba also findet: koche bis zur Schwärze, welche für böse geschätzet wird. Willst du aber wissen, was dieser Mann, der das Schwert nimmt, bedeutet? Es lehret, daß man dem Raben, das ist, diesem in unterschiedlichen Farben gekleideten und knienden Mann, das Haupt abhauen soll. Ich habe diese Figur und Gleichnis aus dem *Hermete Trismegisto*, aus seinem Buche von der geheimen Kunst genommen, da er saget: nimm diesem schwarzen Manne das Haupt ab, das ist, mache unsern Sand weiß. Lambspring, ein Deutscher Edelmann hat solches auch vorlängst in seinen *Commentarien* der Hieroglyphischen Figuren gebraucht, da er spricht: in diesem Gehölze ist ein Tier, welches so jemand ihm den Kopf abhauet seine Schwärze verlieren und die allerweißeste Farbe anziehen wird. Gefällt dirs zu wissen, was solche Schwärze sei? Sie wird genannt das Rabenhaupt, so dieselbe weggenommen wird, stellet sich alsofort und unversehnlich die Weiße ein. Alsdann, das ist wenn die Wolke nicht mehr erscheinet, so wird das Corpus ohne Haupt genannt; dieses seind seine eigene Worte. In solchen ebenmäßigen Verstande, haben die Weisen anderswo gesaget: nimm die Natter *de Rexa* genannt, haue ihr den Kopf ab, und das ist, benimm ihr die Schwärze. Sie haben sich auch einer solchen Umredung (*Periphrasi*) gebraucht, wann sie die *Multiplication* des Steins bedeuten wollen, und die Schlange *Hydram* erdichtet, welcher so ihr ein Kopf herunter gehauen ward, andere zehen wieder an derer statt wuchsen. Denn der Stein, so oft man ihm das Rabenhaupt abhauet, ihn schwärzet und weißet, das ist, von neuen auflöset, und danach wieder *coagulieret*, vermehret sich auf zehen oder zehenfältig.

Nimm in acht das bloße Schwert, so mit einer schwarzen Binden umgeben ist, und daß derselben Enden nicht ganz herum gehen. Dies bloße glänzende Schwert ist der Stein zum Weißen, der auf diese Art von den *Philosophis* so oft beschrieben ist. Um aber zu dieser funkelnden vollkommenen Weiße zu gelangen, so mußt du die Umwickelung dieser schwarzen Binden wohl verstehen, und derselben, was sie lehret, nachfolgen, welches ist die Vielheit der Eintränkung. Die beiden Enden so nicht ganz herum gehen, bedeuten oder bezeichnen den Anfang und das Ende. Im Anfang lehren sie, daß man in dieser ersten Zeit gar sparsam und gelinde mit der Eintränkung verfahren, und daß man den Stein ein wenig von der Milch, als einem neugeborenen Kinde geben muß, damit das *Ixir* (wie die Erfinder des Werks sagen) nicht erträнket werde. Ebenmäßig muß man auch bei dem Ende tun, wenn wir sehen daß unser König jetzt satt ist, und nicht mehr davon zu sich nehmen will. Die Weite oder Länge zwischen dem Mittel der *Operation* ist abgemalet durch die fünf ganzen Umwickelungen der schwarzen Binden oder Gürtels, zu welcher Zeit (weil unser *Salamander* vom Feuer sich nähret, und mitten im Feuer wohnet, ja vielmehr selbsten ein Feuer und lebendiges Quecksilber ist, so mitten durchs Feuer läuft, und nichts fürchtet) du ihm reichlich und die Völle geben mußt, solcher Gestalt, daß die Jungfrau-Milch die ganze *Materie* umgebe. Ich habe diese Umwickelung der Binden oder Gürtels schwarz abbilden lassen, weil dieses die Eintränkungen und nachfolgende Schwärzen sein, denn das Feuer zugleich mit der Feuchte, wie öfters gesaget ist, verursachet die Schwärze. Und gleich wie diese fünf ganze Umwickelungen anzeigen und erweisen, daß man besagtes fünfmal gänzlich verrichten muß; also lehren sie auch gleicher Gestalt, daß es ganzer fünf Monat durch geschehen soll. zu jeden und absonderlichen *imbibitionen* einen Monat. Deswegen hat *Hali Abenzagel* gesaget; der Dinge Kochung wird in dreimal fünfzig Tagen vollendet. Wahr ist es, daß wenn du die kleinen Eintränkungen des Anfangs und Endes zählen oder rechnen willst, daß derselben sieben sein. Weswegen einer der Allermißgünstigsten gesaget: unser Raben-Haupt ist aussätzig, derohalben, der es reinigen will, der muß dasselbe siebenmal zu dem Fluß der Wiedergeburt des Jordans, wie der Prophet dem aussätzigen Syrischen *Naeman* befohlen, hinab steigen lassen, und wird hierunter begriffen der Anfang, der nur von etlichen Tagen, das Mittel und Ende, welches ebenmäßig gar kurz ist. Habe dir derowegen die Tafel gegeben, um dich zu unterrichten, daß du meinen Leib weißmachen sollst, der auf den Knien lieget, und anders nichts als dieses begehret: denn die Natur sehnet sich immer nach der Vollkommenheit, welches du verbringen wirst durch Zusetzung der Jungfrau Milch, die, wann sie über das *Corpus* ausgetrocknet wird, dasselbe eben so weiß-gelb färbet, als der, so das Schwert empfähet, gekleidet ist, in welche Farbe du dein *Corsufle* bringen mußt.

Die Kleider des Bildes St. Pauli sind mit güldener und rotgelber Farbe an dem Saum reichlich *bordieret*. O mein Sohn, lobe Gott, wenn du jemals dies siehest, denn du hast itzo vom Himmel Barmherzigkeit erlanget. *Imbibiere* und färbe derohalben, bis das kleine Kind stark und kräftig sei zu streiten wieder Wasser und Feuer. Wenn du das erfüllet, so wirst du zu wegen bringen was *Damagoras Senior* und *Haly* genannt haben, die Mutter in den Bauch des Kindes setzen, welches sie vorlängst geboren. Denn sie nennen die Mutter den *Mercurium Philosophorum*, mit welchem sie die *imbibitiones* und *fermentationes* verrichten; das Kind aber den Leib, der tingieret werden soll, von welchen derselbe *Mercurius* herkommen ist. Derohalben habe ich dir diese zwo Figuren vorgestellet, um da durch die Weißmachung anzuzeigen. Und gewißlich, du bist an diesem Ort einer großen Hilfe bedürftig, weil alle Menschen sich hier anstoßen und stolpern. Die Arbeit ist wahrlich ein Irrgarten, dieweil zu einer Zeit sich wohl tausend krumme Umgänge *präsentieren*, und gänzlich auf verkehrte Weise, als es angefangen war, zu erfahren ist; nämlich du mußt nun zum Ende derselben *Coagulierung*, was du zuvor aufgelöset, zu Erden machen, was du zuvor zu Wasser gemachet. Nachdem du nun es weiß gemachet hast, so hast du die verzauberten Stiere, die Feuer und Rauch durch die Nasen-Löcher bliesen, überwunden: und *Hercules* hat den Stall voller Unsauberkeit, Faulnis und Schwärze gereiniget. *Jason* hat die zugerichtete Suppe über die *Colchische Drachen* ausgegossen, und du hast das Horn der Amalthäen in deiner Gewalt, welches ob es gleich weiß ist, dich dennoch die ganze Zeit deines Lebens mit Ruhm, Ehr, und Reichtum überhäufen kann. Um dasselbe aber zu erlangen hast du müssen ritterlich und wie ein *Hercules* streiten, denn dieser *Achelous*, dieser feuchte Fluß, welches ist die Schwärze, ist mit einer über die maßen großen Stärke begabet, der sich zum öftern aus einer Gestalt in die andere versetzet oder verändert, Ja du hast es jetzo also auch vollbracht, zumalen das übrige gar nicht schwer ist.

Diese Veränderungen sind absonderlich in dem Buche der sieben Ägyptischen Siegel beschrieben, woselbsten gemeldet wird, (wie auch in allen *Autoren*) daß ehe die Schwärze sich ganz verleuret, und das Werk wie ein trefflicher gleißender Marmel und ein flammichtes bloßes Schwert sich weißet, der Stein sich in allerlei Farben, die du dir immer einbilden magst, verkleidet, der wird oft aus sich selber zerschmelzen, und sich oft wieder *coagulieren*, und zwischen diesen verschiedenen und wiederwärtigen Wirkungen, (welche die in ihm begriffene *anima vegetativa* zu derselben Zeit ihr zu vollenden verursachet), wird er Citrongelb, grün, rot, wiewohl nicht recht rot, gelb, himmelblau und Pommeranzen-Farbe werden, bis er durch die Trockene und Hitze gänzlich überwunden, alle diese unendliche Farben in eine schöne, wunderliche, weißgelbe, als St. Pauli Kleid ist, sich endigen, welche in wenig Zeit als ein bloßes Schwert sich erzeigen wird. Danach durch stärkere und längere Kochung wird es endlich eine Gelbröte, und zuletzt eine vollkommene Lac-röte an sich nehmen, und darbei beruhen.

Ich will im vorbeigehen auch nicht unterlassen dich zu warnen, daß die Milch des Monden nicht ist, wie die Jungfrau-Milch der

Sonnen. Merke derhalben fleißig, daß die Eintränkungen der Weiße, eine viel weißere Milch erfordern, als die Eintränkungen der Röte und Güldenen. Denn in diesem Punkt vermeinete ich selber zu irren, und es wäre auch gewiß geschehen, so Abraham der Jude mich nicht hierinnen zu rechte gebracht hätte. Derowegen habe ich dir diese Figur mit dem bloßen Schwert in solcher Farbe, die dir nötig ist, abmalen lassen: und diese ist auch dieselbe Figur, so da weiß machet.

Im grünen Felde drei auferstehende Leute, zween Männer und ein Weib, ganz weiß: darüber zween Engel, und über diesen die Figur unseres Erlösers, so da kommt die Welt zu richten, in vollkommene gelbweiße Röcke gekleidet Das 6. Kapitel

Das Feld habe ich grün malen lassen, weilen in dieser Abkochung die *Confectiones* grün werden, und solche Farbe länger behalten, als einige andere nach der Schwärze. Diese grüne beweiset absonderlich, daß unser Stein mit einer gründenden oder wachsenden Seelen begabet sei, welche durch Fleiß und Geschicklichkeit der Kunst in einen wahren Schößling (*germen*) um überflüssiglich hervor zu sprießen, und nachfolgends unendliche Zweiglein hervor zu bringen, verkehret ist. O du allerglückseligste und gesegnete grüne, sagt *Rosarius*, die du alle Dinge hervor bringest, ohne dich kann nichts wachsen, grünen, noch sich vermehren.

Die drei aufstehende, in funkelnd-weiß gekleidet, bedeuten oder *repräsentieren* den Leib, Seel, und Geist unseres weißen Steins.

Die Philosophi brauchen ins gemein diese Art zu reden in der Kunst, um das Geheimnis den Boshaftigen zu verbergen, die schwarze, dunkele und finstere Erde, die wir weiß machen, nennen sie den Leib, die Seele abgesonderten andern mittelsten Teil, welche durch den Willen Gottes und Kraft der Natur durch seine *Imbibitiones* und *Fermentationes* die *animam Vegetativam*, das ist, die Kraft und Tugend hervor zu schießen, zu wachsen, zu vermehren, und sich wie ein bloß glänzendes Schwert weiß zu machen, gibet. Den Geist nennen sie die *Tinctur* und Trockene, welche als ein Geist Macht hat alle Metallische Dinge durchzudringen. Es würde viel zu weitläufig sein, wenn ich allhier *demonstrieren* wollte, durch wie viel Ursachen sie allenthalben gesaget: unser Stein hat Leib, Seel, und Geist wie ein Mensch. Ich will nur, daß du wohl in acht nehmest, daß gleichwie der Mensch, ob er gleich mit Leib, Seel und Geist begabet, dennoch nur eins ist; also hast du auch jetzo nicht mehr, denn nur eine einzige weiße *Confection*, in welcher dennoch Leib, Seel und Geist, die absonderlich mit einander vereiniget, begriffen sein. Ich könnte wohl die allermächtigsten Vergleich-und Auslegungen herbei bringen dieses Leibes, Seelen und Geistes; aber um solche zu erklären, müßte ich Dinge vorbringen, die Gott sich vorbehalten denen allein, so ihn fürchten und lieben, zu offenbaren, derowegen selbige auch nicht gerschrieben werden sollen.

Habe dir derohalben allhier abmalen lassen einen Leib, eine Seele, und einen Geist, alle ganz weiß, als wenn sie auferstünden, um dir zu weisen, daß die Sonne, Mond und *Mercurius* in dieser *Operation* auferstanden sein, das ist, sie sind zu Elementen der Luft und weiß gemachet worden. Denn wir haben bereits zuvor die Schwärze den Tod genennet, können also um die Versetzung (*metaphorum* zu *continuieren*, die Weiße ein Leben nennen, welches nicht wiederkommt denn nur allein in, mit, und durch die Auferstehung. Und damit ich dir dasselbe klärlicher zeigen möge, habe ich den Leib abmalen lassen als wenn er den Stein aus dem Grabe, worinnen er verschlossen gewesen, in die Höhe hübe. Die Seele, welche nicht begraben werden kann, steiget nicht aus dem Grabe, sondern ich habe sie nur allein bei oder um das Grab malen lassen in Gestalt eines Weibes, die mit ausgespreiteten Haaren ihren Leib suchet. Den Geist, der aber auch nicht ins Grab geleget werden kann, hab ich als einen Mann, der aus der Erden, und nicht aus dem Grabe auferstehet, abmalen lassen. Sie sind alle weiß, denn die Schwärze, nämlich der Tod, ist überwunden, und sie, nachdem sie weiß worden, sind hinfüro unzerstörlich.

Hebe nun deine Augen in die Höhe, und siehe unsern gekrönten auferstandenen König kommen, der den Tod, die Dunkel-und Feuchtigkeiten überwunden hat. Du siehest ihn in der Gestalt, wie unsern Erlöser kommen, der alle reine und saubere Seelen mit sich ewiglich vereinigen, und alles unsaubere und unreine als unwürdig mit seinem Göttlichen Leibe vereiniget zu sein, von sich stoßen wird. Also durch Vergleichung (bitte gleichwohl von der Catholisch Apostolisch- und Römischen Kirchen, und alle fromme Seelen um Urlaub, und also durch Gleichnis zu reden) hast du nun unsers weißen *Elixir*; welches forthin alle reine metallische Natur absonderlich mit sich vereinigen, dieselbe in seine Silberne und ganz reine Natur verändern, alle fremde und heterogenische Unreinigheit aber hinter sich werfen wird,

Gelobet sei Gott, der uns durch seine große Güte diese Gnade gegeben hat, daß wir diese glänzende und funkelnde Weise, die mehr vollkommen und helleuchtender, als einige zusammengesetzte Natur, und nach der unsterblichen Seel und allen andern beseelten oder unbeseelten Substanzen die edelste ist, betrachten können. Fürwahr diese ist dieselbige *Quinta Essentia* und das reineste Silber, welches, wie der Königliche Prophet David saget, siebenmal gereiniget, und wie das gediegenste feineste Gold gesäubert und bewähret worden ist.

Es ist nicht vonnöten auszulegen, was die zween auf Instrumenten, über den Häuptern der auferstehenden spielenden Engel bedeuten: denn es sind vielmehr himmlische Geister, welche die Wunderwerke Gottes, in dieser Operation mit Verwunderung preisen, als Engel, die uns fürs Gerichte laden, Und derohalben damit ein Unterschied erscheine, habe ich mit Fleiß dem einen eine Laute, dem andern ein Zinkhorn oder Schalmei, nicht aber Trommeten, die man ihnen bei Ladung zum Gerichte sonst zueignet, gegeben. Ebenmäßig ist es zu verstehen von den dreien Engeln, so über dem Haupte unsers Erlösers schweben, deren einer ihn krönet, und die andern beiden, so diesem beistehen und helfen, sagen in ihren Rollen oder Zedeln: O Allmächtiger Vater! O gütiger Jesu! Und geben ihm ewigen Dank.

In einem Violbraunen und Himmel-blauen Felde, **zween Pomeranzen-Farbe Engel,** und von deren Rollen Das 7. Kapitel

Dieses Violbraune und himmelblaue Feld zeiget, wenn man vom weißen zum roten Stein schreiten will, du denselben mit ein wenig von der Solarischen Jungfrau-Milch eintränken wirst, auch diese Farben aus der Mercurialischen Feuchte, so du über den Stein ausgetrocknet hast, hervor kommen sei. In dieser *Operation* der Rotmachung, ob du gleich imbibierest, wirst du doch nicht viel von der Schwärze haben, sondern viel ehe oder mehr Violbraunen, Himmelblau und Pfauenschwanz-Farbe. Denn unser Stein ist so triumphierend in der Trockene, daß so bald dein *Mercurius* ihn berühret, dieses Natur jener Natur sich freuet, sich zu ihm füget, und denselben begierig einschlucket. Derohalben kann die Schwärze, die von der Feuchtigkeit kommt, sich nicht nur ein weinig zeigen, nämlich unter der Violbraunen und Himmelblauen Farbe, weil die Trockene, wie gesagt ist, jetzo absolut regieret.

Ich habe diese zween Engel mit Flügeln abmalen lassen, um dadurch zu lehren, daß die zwo Substantien deiner *Confection* die Mercurialische und Sulphurische, das *fixe* so wohl als das flüchtige, nachdem sie miteinander vollkommentlich vermischet gewesen, in deinem Gefäß, auch zusammen in die Höhe fliegen; denn in dieser *Operation* wird das *fixe corpus* sänftigleich und ganz geistlich gen Himmel steigen, und von dannen steiget es herunter in die Erde, und wohin du wilt, folget es allenthalben den Geist, der sich allezeit über dem Feuer beweget, zumalen sie einer Natur geworden, und das *Compositum* ganz Geistlich, und das Geistliche ganz leiblich gemachet ist. Also ist er durch die vorigen *Operationes* über unsern Marmolstein subtil gemacht. Seind derohalben hie die Naturen in Engel verwandelt, das ist: sie sind Geistlich und aufs allersubtileste gemachet: Fürwahr: sie sind jetzo wahrhaftige *Tincturen*.

Darum erinnre dich, daß du deine Rotmachung, durch Zusatz des gelbroten *Mercurii* anfangest, aber du mußt nur ein wenig darauf gießen, und nur allein ein oder zweimal, nach dem du sehen wirst, daß es nötig sei; denn diese *Operation* muß durch das trockene Feuer, durch die *Sublimation* und Trockene *Calcination* vollendet werden. Wahrlich in sage dir allhier eine sehr heimliche Sache, die du gar selten in Schriften finden wirst, ich zwar mißgönne es niemand, und wollte Gott, daß ein jeglicher nach seinem Willen wüßte Gold zu machen, damit man dieses Leben überbringen möchte, eine jegliche fette Herde ohne Zank und Wucher zu weiden, zur Nachfolge der heiligen Patriarchen, auch daß mans allein gebrauchte, gleichwie die ersten Altväter, und in Verwechslung oder Tausch eines gegen das andere gebe, bei welchem man eben so wohl als jetzo arbeiten müsse.

„Ich fürchte mich aber Gott zu beleidigen, und damit ich nicht ein Werkzeug solcher Veränderung sei, die vielleicht viel Übels gebären möchte, so will mir nicht gebüren vor Augen zu stellen und zu beschreiben, wo die Schlüssel, die alle Pforten der Geheimnisse der Natur aufschließen, und die unterste Erde umkehren, und zu oberst werfen können, verborgen liegen, mich damit *contentierend*, solche Dinge allein zu zeigen, einem jeglichen, welchem es Gott zu erkennen vergönnet hat, lehren werden, was für Eigenschaft das Zeichen der Waage habe, wenn es von der Sonnen und dem *Mercurio* im Oktober Monat erleuchet wird. Diese Engel sind Pomeranzen-Farbe, wird aus dem schönen vergüldten Citrin roten, welches du jetzt von so langer Zeit her erwartest, und von etwas übriger *restanz* des Violbraunen und Himmelblauen, so du jetzt zum Teil zerstöret hast, zusammen gesetzet. Ferner zeiget diese Pomeranzen-Farbe, daß die Naturen sich *digerieren*, und allgemach durch die Gnade Gottes zur Vollkommenheit bringen, und zu ihren Zedel ist enthalten; stehet auf ihr Toten, kommet zum Gerichte meines Herrn. Ich habe dieses vielmehr wegen des *Theologischen* Verstandes allein, als anderer Ursachen halber setzen lassen. Es wird in des ganz roten Löwen Rachen geendiget, welches gemacht ist zur Lehr, daß man diese *Operation* nicht ehender anstehen lasssen soll, bis die wahre Purpur-Röthe, so dem wilden Magsamen, und dem Lac des abgemalten Löwens gleich sehe, erscheinet. Ausgenommen zur *Mulplication*.

Figur eines Menschen, so dem heiligen Petro gleichet, mit einem Citrin-roten Rock angetan, einem Schlüssel in der rechten Hand, die Linke aber über eine in Pomeranzen-Farben Rock gekleidete, zu seinen Füßen knieende Frau, und deren Rolle oder Zedel haltend Das 8. Kapitel

Schaue an dieses in Pomeranzen-Farben gekleidete Weib, welches der *Petronellen* gar eigentlich und nach dem Leben gleichet, wie sie in ihrer Jugend war. Sie ist gemalet, gleich als eine die mit gebogenen Knien und zusammen gefalteten Händen, zu den Füßen eines Menschen, welcher einen Schlüssel in seiner rechten Hand hält, und ihr freundlich zuhöret, und hernach die linke über sie ausstrecket, demütiglich bittet; willst du wissen, was dieses bedeutet? Es ist der Stein, welcher in dieser *Operation* von dem Solarischen *Mercurio Philosophorum* (an diesem Ort in Gestalt eines gemalten Mannes) zwei Dinge bittet, nämlich die *Multiplication*; und einen reichern Schmuck, welchen er hie zu dieser Zeit erlangen soll. Und traun der Mann vermittelst Auflegung der Hand auf die Schulter gehet ihr solches ein.

Aber warum hast du uns hier ein Weib eingeführet, möchtest du fragen? Ich hätte zwar wohl einen Mann oder Engel, so wohl als ein Weib anhero können setzen lassen (denn die Naturen sind jetzo *Spiritualisch* und *Corporalisch*, Männlich und Weibliche) aber es hat mir mehr gefallen ein Weib vorzustellen, damit du urteilen mögest, daß sie vielmehr diese als alle andere Dinge begehret, denn diese sind die mehr eigene und natürliche Begierden eines Weibes; und um dir noch mehr zu beweisen, daß sie die *Multiplication* begehre, habe ich den Mann; zu welchem sie ihre Bitte richtet, in Gestalt des heiligen Petri, der den Schlüssel und die Macht hat aufzutun, und zu zuschließen, zu binden und zu lösen, malen lassen. Denn die mißgünstigen *Philosophi* niemals von der Multiplication, als unter dieser gemeinen Art und Schlußrede der Kunst: tue auf, schließe zu: löse auf, binde zu, geredet haben. Sie haben aufschließen und auflösen genannt ein *Corpus* (welches allezeit hart und fix) weichflüssig und fließend wie Wasser, zu machen; aber zu schließen und binden (dasselbe hernach durch eine stärkere Kochung wiederun in die Form eines Körpers zu setzen, oder zu bringen) haben sie *coagulieren* genannt. Derowegen habe ich einen Mann mit einem Schlüssel vorstellen müssen, um dich zu lehren, daß du jetzo aufschließen und wieder zuschließen, das ist, die blühende oder hervor sprossende und wachsende Naturen *multiplicieren* müssest.

Denn so ofte du *solvieren* und fixieren wirst, so oft wirst du diese Naturen in der Menge oder Größe, Gestalt und Tugend *multiplicieren*, nämlich nach der zehenten Zahl zur *Multiplication* oder Vermehrung, und von dieser Zahl zu hundert, von hundert zu tausend auf hundert tausend, von hundert tausend zur *Million* oder tausend mal tausend, und von dannen durch ebenmäßige *Operation* bis auf unendliche Zahl, wie ich dann selbsten zu dreien malen, Gott sei Lob, solches versucht und getan habe. Und wenn nun dein Elixir auf diese Weise zur Unendlichkeit wird gebracht sein, so wird ein Gran oder Gersten-Korn schwer desselben, wenn er über eine geflossene Metallische *Quantität*, ob sie auch gleich so groß und tief wäre, wie der Ocean, oder große Meer, solche in das aller vollkommenste Metall, das ist, in Silber oder Gold, nachdem es *imbibieret* oder *fermentieret* worden, *tingieren* und verwandeln, auch alle Unsauberkeit, und fremde Materie so sich zu demselben in der ersten *Coagulation* gesellet, von sich vertreiben und zurücke lassen.

Und eben dieser Ursache habe ich dem Mann, der in der Gestalt St. Petri abgebildet ist, einen Schlüssel geben lassen, um zu bedeuten, daß der Stein zu der *Multiplication* begehre aufgelöset und wieder geschlossen zu sein. Und um eben derselben Ursachen willen, dir zu zeigen, mit welchem *Mercurio*, und wenn du dieses verrichten sollst, habe ich dem Mann ein Citrin-Rotes, und dem Weibe ein Orange-oder Pomeranzen-Farbes Kleid geben lassen.

Dieses sei hievon genug, damit ich nicht des *Pythagorae* Stillschweigen überschreite. Und um zu bedeuten, daß das Weib, das ist, unser Stein den reichen und sehr köstlichen Schmuck und Farbe des heiligen Petri bitte und begehre, so stehet in ihrem Zedel geschrieben: Herr Christe, sei mir gnädig und gütig! Als wann sie sagen wollte: Herr, sei mit gnädig, und lasse nicht zu, daß derselbe, so bis hierher gelanget, durch zu viel Feuer er alles zerstöre und verderbe. Es ist zwar wahr, daß ich forthin die Feinde nicht mehr fürchte, und alles Feuer mir gleich gilt, jedoch ist das Gefäß, worin ich enthalten, allezeit zerbrechlich, denn so einer das Feuer zu sehr anstrenget, wird es zerreißen oder zerbersten, und mich da es zerbrochen, hinwegführen; und zwischen die Aschen unglücklich zerstreuen.

Nimm derohalben an diesem Ort dein Feuer wohl in acht, und regiere diese wunderbare *Quintam Essentiam*, oder fünftes Wesen sänftiglich und geduldiglich, denn man muß zwar das Feuer vermehren, aber doch nicht zu viel; und bitte die höchste Gütigkeit, daß dieselbe nicht zulasse, daß die bösen Geister, so die Mineren und Schätze der Erden bewahren, deine ganze *Operation* zu nichte machen, oder dir das Gesichte verzaubern und verblenden, wenn du die unbegreiflichen Bewegungen desselben fünften Wesens in deinem Gefäß betrachtest.

In einem dunkel violbraunen Felde ein Purpur-roter Mann, welcher des Lac-roten geflügelten Löwens Fuß hält, und von demselben gleichsam, wie es scheinet, geraubet und weggeführet werden will Das 9. Kapitel

Dieses dunkel Violbraune Feld erkläret dir, daß der Stein durch die vollkommene Abkochung die herrlichen, schönen ganz Citrine-Roten Kleider, die er von St. Petro, so darinnen gekleidet war, erbeten, nunmehr erlanget habe: Und daß seine vollendete und vollkommene *digestion* (so durch die ganze Citronen-Farbe bedeutet wird) verursachet, daß er seinen alten Orangen- oder Pomeranzen-Farben Rock verlassen. Die Lac-rote Farbe des fliegenden Löwens, so dem reinen und klaren roten Scharlach von Tyro gleich, ja wahrlich den Purpur-roten Körnern des Granat-Apfels, zeiget, daß er jetzt in aller Aufrichtigkeit und Gleichheit zur Vollkommenheit gebracht ist: und daß er sei wie ein Löw, der alle Metallische reine Natur verschlinget, und dieselbige in seine wahre Substanz, in wahrhaftes und reines Gold, welches besser und reiner, als das aus den besten *Mineren*, verändert. Ja fürwahr er reißet und erlöset den Menschen aus diesem Jammertal, das ist aus dem Verdruß und ungemach der Armut, der Krankheit, und erhebt ihn mit seinen Flügeln, mit Lob und Ehre aus den stinkenden

Ägyptischen Wassern, (welches die täglichen Gedanken der sterblichen Menschen sind) und machet, daß er das gegenwärtige Leben und Reichtum verachtet, und Tag und Nacht seine Hoffnung und Gedanken auf Gott und seine Heiligen setzet, zu wohnen in dem Empyreischen Himmel, und zu trinken von den süßen Quellen der ewigen Hoffnung.

Gott sei ewiglich gelobet, der uns die Gnade gegeben, zu sehen diese schöne und ganz vollkommene Purpur-Röte, diesen schönen wilden Magsamen des Feldes, diese funkelnde und flammende Farbe von *Tyro*, die keiner *alteration* oder Veränderung fähig und unterworfen. Über welche auch der Himmel selbst, noch sein *Zodiacus*, oder Tier-Kreis seine Herrschaft noch Gewalt mehr hat, dessen strahlender glänzender und blendender Blick scheinet dem Menschen gleichsam etwas über Himmlisches mit zu teilen, indem er machet, daß, wenn er ihn beschauet und erkennet, er sich zugleich verwundert, zu derselben Zeit zittert, und seine Unwürdigkeit anzeiget.

O du Herr, gib uns die Gnade, daß wir ihn recht gebrauchen
mögen zu Vermehrung des Glaubens, der Seelen Heil,
und Wachstum der Ehren und Preises dieses
edlen Königreiches, Amen.

Ende

Das wahrhafte Buch des gelehrten griechischen Abts Synesii, vom Stein der Weisen,

bekommen aus der Kaiserlichen Bibliothek

Ob zwar die alten Philosophi von dieser Wissenschaft unterschiedlich geschrieben, und unter fast unzähligen Namen die wahren Anfänge der Kunst verborgen; so haben sie doch solches gleichwohl nicht ohne großwichtiges Bedenken, wie wir hernach anfügen wollen, getan. Und ob sie gleich mannigfältig davon geredet, so sind sie doch unter einander keines weges streitig oder wider einander: sondern zielen alle zu einem Zweck, und reden von einem Dinge. Jedoch haben sie gut befunden vor allen, das *Proprium Agens*, oder das eigentliche Würkende mit wunderlichen und zu Zeiten seiner Natur und Eigenschaft gar zuwider laufenden Namen zu nennen.

Derowegen vernimm mein Sohn, daß der große Gott mit diesem *Universo*, zween Steine als weiß und rot erschaffen, welche beide unter einem *Subjecto* begriffen, und hernach in solchem Überfluß wachsen, daß ein jeglicher so viel davon nehmen kann, als er nur selber begehret. Und ihre Materia ist also beschaffen, daß sie das Mittel hält zwischen den Metallen und dem *Mercurio*, und ist zum Teil fix, zum Teil unfix, sonst wird sie das Mittel zwischen den Metallen und dem *Mercurio* nicht halten, und diese Materia ist das Instrument oder Werkzeug, welches unsere Begier, so wir es bereiten, erfüllet.

Derohalben alle die, welche in dieser Kunst ohne dieses *Medium* oder Mittel arbeiten, ihre Mühe verlieren. Wann sie aber dieses *Medium* verstünden, würden ihnen alle Dinge leicht sein, und wohl ausschlagen. Wisse, daß dieses Medium, weil es lüftig ist bei den Himmlischen Körpern, und in ihm allein das Männlich und Weibliche Geschlecht, eigentlich zu reden, befindlich sei, und eine feste, starke, fixe, bleibende Tugend in ihm habe, von dessen *Essenz* und Wesen die *Philosophi* allein durch Gleichnis und Figuren (wie ich hiebevor gesaget) geredet haben, und solches darum, damit die Wissenschaft von den Unwissenden nimmer begriffen, zumalen wenn solches geschehen sollte, alles über einen Haufen fallen würde: „sondern nur allein von den geduldigen Seelen, scharfen und subtilen Gemütern, die von dem Welt-Schlamm abgesondert, und von der Unreinigkeit des irdischen Rots, welche der Geiz ist, durch welchen die Unwissenden die Nase nach der Erden dieser Welt (so ohne diese wundersame *Quinta Essentia* ein Haus aller Armut ist) angebunden haben, gesäubert sein, möchte vernommen werden," der Zuversicht, daß diese göttliche Seelen, nachdem sie auf den Grund des *Demokritischen* Brunnen, das ist, in der Wahrheit der Natur vorgedrungen, sonder Zweifel die große Conclusion und Zerrüttung, die allen Ordnungen und Handwerkern, wenn ein jeglicher so viel Geld, als er selber begehrte, zu machen vermöchte, zustehen könnte, erkennen würden.

Und dieser Ursachen halben haben sie durch Figuren, Vorbild; und Gleichnissen reden wollen, damit sie nur allein von den Verständigen, Heiligen, und von der Weisheit erleuchteten Seelen verstanden würden. Nichts destoweniger haben sie in ihren zusammen getragenen Büchern einen gewissen Weg, Straße und Regel, durch welche der Verständige alles, was sie verdecket geschrieben, begreifen, und endlich nach etlichen begangenen Irrtümern dazu, wie ich Gott Lob getan habe, gelangen möge. Ob nun zwar der gemeine unwissende Pöbel diese angeführte Rationes und Ursachen erwägen, und was er in seinem Gehirn nicht fassen kann, würdiglich ehren sollte: so findet sich doch im Gegenteil, daß er die *Philosophos* der Falschheit und Bosheit beschuldiget, also daß die Kunst hiedurch fast allenthalben in Verachtung geraten, weil man wenig kluge Leute mehr antrifft. Aber ich sage dir jetzo, daß sie allezeit wahrhaft, aber gar verdeckter Weise geredet haben, zu

Zeiten auch durch Fabeln, welche ich dir in diesem kleinen Büchlein klärlich auflösen und dergestalt entdecken will, daß ein jeder dieser Wissenschaft begieriger dasjenige, so die *Philosophi* verborgen, wird verstehen können. Gleichwohl, so er mich zu verstehen nennet, und die Natur der Elementen und erschaffenen Dinge und unser Reichs-Metall nicht kennet, wird er umsonst arbeiten. Aber so er die flüchtigen und folgende Naturen verstehet, kann er durch Gottes Gnade dazu kommen. Und Gott bitte ich, daß derselbe, so diese Heimlichkeit verstehet, zur Ehre und Lob des Höchsten Gottes arbeiten möge.

Wisse derohalben, mein lieber Sohn, daß der Unverständige die Heimlichkeit dieser Kunst nicht begreifen kann, weil dieselbe an der Wissenschaft des rechten wahren Körpers, so ihm verborgen ist, hanget: verstehe demnach, mein Sohn, die Naturen, das reine und unreine, das saubere und unsaubere, weil kein Ding dasjenige geben kann, welches es selbst nicht hat, und nichts tut, auch anders nicht tun kann, als nach seiner Natur. Gebrauche dich deshalben des vollkommensten und nächsten Gliedes, welches du finden kannst, und solches wird dir genug sein. Laß das Vermischte fahren, und nimm sein einfaches und schlechtes (*Simplum*) dann dieses ist von der *Quinta Essentia*. Merke, daß wir zwei Körper von großer Vollkommenheit, und die mit lebendigem Silber erfüllet sein, haben, ziehe daraus dein lebendiges Silber, so wirst hieraus die *Medicin* machen, die von etlichen *Quinta Essentia* (welche eine unvergängliche bleibende, und allezeit sieghafte Kraft ist, ja ein helles Licht, so eine jegliche Seele, die es nur einmal geschmecket, mit wahrer Güte erleuchtet) genennet wird. Sie ist der Knoten und das Band aller Elementen, welche sie in sich begreifet, und der Geist, der alle Dinge ernähret, vermittelst welchem die Natur in dem *Universo*, ihre Wirkung vollbringet: „Sie ist die Kraft, Anfang und Ende alles Werks, Und damit ich dir alles in einem Wort offenbare, so wisse, daß die *Quinta Essentia*, und das verborgene Ding unsers Steins anders nicht ist, als unsere Viscosische, Himmlische und herrliche Seele, durch unsere Meisterschaft aus seiner Minera gezogen, die ihn allein zeuget; und daß uns unmöglich sei, dies Wasser durch die Kunst zuwege zu bringen, denn die Natur allein gebieret solches, und dieses Wasser ist der allerschärfste Wein-Essig, der das Gold zu einem reinen Geist machet, ja sie ist dieselbe gebenedeite Natur, die alle Sachen gebieret, welche ihrer Erfäulung oder *Putrefaction* allerbest vereiniget ist, und mit ihrer Grüne viel Farben zu erscheinen verursachet."

Und ich sage dir, mein Sohn, daß du auf keine andere Dinge, als die da vergänglich sein, deine Rechnung setzest: sondern nur allein auf dies Wasser, welches *cacinieret*, weißmachet, *solvieret*, und *coagulieret*, *putrificieret*, und fix machet. Derohalben gebe ich dir diese Nachricht, daß alle dein Vornehmen nur auf die Kochung deines Wassers gerichtet sei, laß dich die Länge der Zeit nicht verdrießen; sonst wirst du keiner Früchte genießen. Koche es gelinde, von wenig zu wenig, bis es sich von einer falschen Farbe in die vollkommene verändere, und nimm ja in acht, daß du im Anfang seine Blumen und seine Lebhaftigkeit nicht verbrennest, und übereile dich nicht, daß du wollest desto ehender zur Endschaft kommen. Verschließ dein Gefäß recht wohl, damit derselbe, so darinnen ist, nicht heraus könne, und also kannst du zum Zweck kommen,

Merke daß *solvieren*, *calcinieren*, *tingieren*; *dealbieren*, erfrischen, baden waschen, *coagulieren*, *imbibieren*, kochen, *fixieren*, kleinstoßen, austrocknen, und distillieren ist eben eins, und will anders nichts sagen, laß die Natur kochen, bis sie vollkommen sei. Nimm ebenmäßig in acht, daß die Seel, oder den Geist, oder den Leib ausziehen, anders nicht ist, als obgemeldte *calcinationes*, weil dieselbe die *Operation* der *Veneris* bedeuten. „Ferner vernimm auch, daß mit dem Feuer der *Extraction* der Seelen aus dem Körper, und einer anderwertigen *reduction* aus denselben zusammen gesetzten, bis daß alles herausgezogen, zur Vermischung aller vier Elementen gesaget werden." Und also ist das so unten, dem gleich, was oben ist, und sind solcher Gestalt zwei Lichter gemacht, fix und unfix, von welchem das fixe unten und das flüchtige oben bleibet und sich stets beweget, bis der so unten ist nämlich der Mann, auf die Frau steige und alles fix werde, und alsdann kommt ein unvergleichliches Licht hervor.

Und gleich wie im Anfang nur ein Ding allein gewesen: also muß auch in dieser *Materia* alles aus einem kommen, und wieder in eins allein gebracht werden, welches die Unkehrung der Elementen genennet wird, das ist, das Feuchte trocken, und das Flüchtige beständig machen, damit das dicke Ding sich verringere, und das Ding, welches die andern fixieret, schwäche, und doch das fixierende des Dinges zurücke bleibe. Also wird der Tod und das Leben der Elementen gemacht, welche, wenn sie zusammen gesetzet sind, blühen und hervor wachsen. Also machet ein Ding das andere vollkommen, und hilft ihm wider das Feuer streiten.

Praxis

Mein Sohn, du mußt deine Arbeit mit dem Mercurio der Weisen verrichten, welcher nicht der gemeine, sondern nach Anleitung derselben ist die erste Materie, die Seele der Welt, das kalte Element, das gebenedeite Wasser, das Wasser der Weisen, das giftige Wasser, der sehr starke Wein Essig, das Mineralische Wasser, das Himmlische Gnaden-Wasser, die Jungfrau-Milch, unser Mineralischer und Corporalischer Mercurius. Denn derselbe allein vollendet beide Stein, den Weißen und roten.“ Betrachte was Geber saget: daß unser Kunst nicht in der Vielheit unterschiedener Sachen bestehe, weilen der Mercurius ein einiges Ding sei, nämlich ein einiger Stein, in welchem unsere Meisterschaft bestehet, zu welchem du nichts fremdes zufügest, nur daß du in dessen Bereitung alle überflüssige Materien davon nehmest, weil in dieser Materie alle notwendige Dinge der Kunst begriffen. Und deswegen sagt er gar merklich: wir setzen ihm nichts fremdes zu, nur die Sonn und Mond zur roten und weißen Tinctur, die da nicht fremd, sondern sein Ferment sind, durch welches das Werk verrichtet wird. Endlichen merke mein Sohn, daß diese Sonne und Mond nicht gleich sein der gemeinen Sonn und Mond, weil unser Sonn und Mond in einem Subjecto lebendig, die gemeinen aber in Vergleichung der unsrigen, die in unserm Stein sich befinden und verbleiben, tot sind. Daraus du folgendes in acht zu nehmen, daß der aus unsern Körpern gezogene Mercurio gleich, und deswegen erfreuet sich das Ding seines gleichen, und hat Lust bei demselben zu sein, und gesellet sich auch besser und lieber dabei, als das Simplex und Compositum, welches von den Philosophis in ihren Büchern verborgen worden. Derowegen alle das gute dieser Kunst liegt in dem Mercurio der Sonnen und Monden, und alles andere ist vergebens. Es sagt auch Diomedes; gebrauche dich solcher Materien, zu welcher du keine fremde Sache darfst einführen, weder Pulver noch

Wasser, weil unterschiedene Sachen unsern Stein nicht verbessern, und dadurch zeiget er denen, welche es wohl verstehen, daß die Tinctur unsers Steins nirgends anders als aus dem Mercurio Philosophorum gezeuget werde, welcher ist ihr Anfang, Wurzel, und ihr großer Baum, von welchem hernach so viel Zweige entsprießen.

Von der Sublimation als der ersten Arbeit

Dieses ist keine gemeine, sondern eine Philosophische *Sublimation*, durch welche wir das überflüssige desselben Steins wegnehmen, welches in der Tat anders nicht ist, als eine Erhebung des nicht fixen Teils durch den Rauch und Dampf, denn der fixe Teil muß auf dem Grunde bleiben, gleichwohl wollen wir auch nicht, daß sich das eine von dem andern scheide, sondern daß sie bleiben und sich zusammen fixieren. Und wisse, daß derselbe, welcher unsern Philosophischen *Mercurium*, in welchem alle Tugend des Steins ist, gebührender Weise *sublimieret*, die ganze Meisterschaft zum Ende bringen wird. Derohalben spricht Geber: Die ganze Vollkommenheit bestehet in der *Sublimation*, und in dieser *Sublimation* sind alle andere Arbeiten begriffen, als *destillatio, assatio, destructio, coagulatio, putrefactio, calcinatio, fixatio, reductio,* zur weißen und roten *Tinctur*, welche in einem Ofen und Gefäß hervorgebracht und gezeuget werden. Und dieses ist der rechte Weg, bis zur endlichen Vollendung, wovon die Philosophen unterschiedliche Kapitel um die Unwissenden dadurch aufzuhalten, gesetzet haben.

Nimm nun im Rahmen des großen Gottes, die ehrwürdige Materie der Philosophen, das erste *Hyle* der Weisen genannt, welches den obbesagten Philosophischen *Mercurium* in sich hält; und die erste Materia des vollkommenen *Corporis* geheißen wird, tue sie, wie es sich gehöret, in ihr klares, durchscheinend und rund Gefäß, wohl zugestopft und verschlossen durch das Siegel des *Hermetis*, und laß es in seinem wohlbereiteten Ort erwärmen, vermittelst einer *temperierten* Hitze, einen ganzen Philosophischen Monat durch, *continuierlich*, erhalt es in dem Schweiß der *Sublimation*, bis es beginnet sich zu *putrificieren*, sich zu erwärmen, färben und *coagulieren* mit seiner Metallischen Feuchtigkeit, und so weit zu fixieren, daß es nicht mehr durch die rauchende luftige Substanz aufsteigen könne, sondern *alteriert* und beraubet von aller viscosischen Feuchte *putrificieret* und schwarz (welches das schwarze Zeug Finsternis oder Raben-Haupt genannt wird), fix auf dem Grunde bleibe. Wenn also unser Stein im Gefäß ist, und Rauchsweise in die Höhe steiget, wird es *Sublimatio* geheißen: wenn es von oben herunter fällt, *Destillatio* und *Descensio*.

Wenn es nun anfängt etwas von der rauchenden Substanz an sich zu nehmen, und zu *putrificieren*, und durch das vielfäftige auf- und niedersteigen sich zu *coagulieren*, als dann beginnet sich die *Putrefaction* und der fressende Schwefel zu *formieren*, endlich durch Entstehung der Feuchte des *radicalischen* Wassers entstehet die *calcinatio* und *fixatio* zu einer Zeit durch die einige Kochung, in einem Gefäß, wie ich schon gesagt habe. Ferner ist auch durch diese *Sublimation* die wahre Scheidung der Elementen zu wege gebracht; denn in unserer *Sublimation* verkehret sich das *Elixir* des Wassers in das irdische trockene und warme Element. Wodurch offenbar, daß die Scheidung der vier Elementen in unserm Stein, nicht auf gemeine, sondern Philosophische Art geschieht. Derohalben sind auch in unserm Stein allein zwei formierte Elemente, nämlich Wasser und Erde. Aber die Erde begreift in seiner Dicke die Kraft und Trockene des Feuers, und das Wasser begreift in sich die Luft mit seiner Feuchte. Also haben wir in unserm Stein nur zwei sichtbare Elementen, wiewohl deren in der Tat viere sind. „Und dannenhero kannst du urteilen, daß die Scheidung der Elementen ganz Physikalisch und nicht gemein noch handgreiflich sein, wie die Unwissenden täglich damit umgehen."

Verfolge demnach deine Kochung mit gelinder Wärme oder Feuer bis alle oben auf befindliche Schwärze durch die Meisterschaft abgetan sei. Diese Schwärze ist von den *Philisophis* das dunkele Zeug des Steins geheißen worden, welche nachgehends klar bleibet, und das gereinigte Wasser der Erden oder das *Elixir* genennet wird. Merke, wenn die Schwärze erscheinet, so ist es ein Zeichen der *Putrefaction*, und der Anfang der Auflösung, ist ein Zeichen der Zusammenfügung beider Naturen: Diese Schwärze erscheinet bisweilen in vierzig Tagen, mehr oder weniger, nach Vielheit der Materie, und Fleiß des Arbeiters, welcher gar viel bei der Scheidung dieser Schwärze verrichten kann.

„Nun mein Sohn, du hast hinfüro durch die Gnade Gottes ein Element unsers Steins, nämlich die schwarze Erde, das Raben-Haupt, von andern der dunkele Schatten genannt, auf welche Erde, als einem Stamm, alle das andere seinen Grund hat. Und dieses irdische trockene Element ist der *Laton*, Stier, schwarze Hefen, unser Metall, unser *Mercurius* geheißen. Und also ist durch Wegnehmung der verbrennlichen Feuchtigkeit vermittelst der Philosophischen *Sublimation* das flüchtige fix, das weiche trocken, und Erde geworden: ja es ist nach des Geberi Aussage die Veränderung der *Complexion*, als der Kalten und Feuchten, in die dürre, Cholerische; und der Flüssigen in die Dicke, nach dem *Artephio*, geschehen. Ist also der *Philosophorum* Meinung am Tage, wenn sie sagen, daß die Arbeit unsers Steins nichts anders sei als eine Veränderung der Naturen, und die Umkehrung der Elementen. Siehest du derohalben, daß durch diese Einverleibung das Feuchte trocken, das flüchtige fix, das Geistliche leiblich, das flüssige dicke, das Wasser Feuer, die Luft Erde, und also gewißlich ihre wahre Natur verändert, und alle vier Elementen eins ins andere *circulieret* werden.

Die andere Arbeit
Dealbatio oder Weißmachung

Dieselbe verkehret unsern *Mercurium* in einen weißen Stein und das allein durch die einige Kochung. Nachdem die Erde von ihrem Wasser abgesondert ist, alsdann soll man das Gefäß auf die Aschen, welche man in den *Destillier*-Ofen gebrauchet, setzen, und das Wasser anfangs mit gelindem Feuer also *destillieren*, daß das Wasser so langsam komme, daß du bis in vierzig Namen verschiedentlich erzählen, oder sechs und fünfzig Wörter hersagen könntest. Und diese Ordnung soll in der ganzen *Distillation* der schwarzen Erden in acht genommen werden; und was du auf dem Grunde findest, welches sind die überbliebenen Feces oder Hefen, werden sich alsdenn auflösen mit neuem Wasser, welches drei oder vier Teil mehr sein soll als die Hefen, damit sich alles auflöse und in *Mercurium* und lebendiges Quecksilber sich verkehre. Ich sage dir, daß du dieses so oft tun mußt, daß nichts mehr als die Hefen überbleiben. In dieser *Distillation* ist keine gewisse Zeit vorgeschrieben, sondern sie wird verrichtet, nachdem viel oder wenig Wasser vorhanden ist, dabei doch allezeit die Größe des Feuers in acht zu nehmen, Nach diesem sollst du nehmen die Erde, so du in seinem Gläsern Gefäß behalten hast, zusamt dem *destillierten* Wasser, und mit einem linden und sanften Feuer, als eben wodurch die *destellatio* oder *putrificatio* verrichtet, oder auch wohl mit ein wenig stärkern, also fortfahren, bis die Erde trocken und weiß werde, und alle sein Wasser in dem eintrocknen in sich gesoffen habe. Wenn solches geschehen, setze ihm sein obiges Wasser zu, und wie du angefangen hast, also verfolge deine Kochung, bis die Erde ganz weiß, gereiniget und klar werde, und alle sein Wasser in sich getrunken habe. Und nimm in acht, daß auf solche Weise die Erde von ihrer Schwärze durch die Kochung, wie ich dir gesagt, abgewaschen werde, alldieweiln dieselbe sich leichtlich durch ihr Wasser reiniget, welches das Ende der Meisterschaft ist; und diese weiße Erde wirst du wissen fleißig zu bewahren, denn sie ist der weiße *Mercurius*, die weiße *Magnesia*, die geblätterte Erde.

Danach nimm diese weiße Erde, so, wie oben gesagt, *gerectificieret* ist, und setze dieselbe in ihrem Gefäß auf die Aschen mit einem *Sublimation*-Feuer, welches so stark sein soll bis alles darinnen befindliches *coaguliertes* Wasser in den Alembic komme, und die Erde wohl *calciniert* im Grunde bleibe, alsdann wirst du die Erde, Wasser und Luft haben, und ob zwar die Erde die Natur des Feuers in sich hält, so ist dieselbe doch noch nicht in der Tat allda, wie du befindest, wenn du durch ferner langes Kochen dieselbe rot machen wirst. Und also muß man mit der Fermentation der weißen Erden verfahren, damit der tote Körper eine Seele empfange, lebendig, und seine Tugend unendlich vermehret werde, Nimm aber hierbei in acht, daß das *Ferment* nicht kann in einen toten Körper eingehen, als vermittelst des Wassers, welches die Heirat und Zusammenfügung zwischen dem *Ferment* und der weißen Erde zu wege gebracht hat. Und wisse dabei, daß in einem jeglichen *Ferment* man das Gewicht in acht nehmen muß, damit die Größe des Flüchtigen das Beständige nicht übertreffe, und daß die beschehene Heirat nicht im Rauch aufgehe. Dann *Senior* saget: wann du die Erde nicht in Wasser verkehrest, und das Wasser in Feuer, so wird der Geist und der Leib sich nimmer mit einander vereinigen. Um dieses nun zu verrichten nimm ein geglühtes

Blech, laß darauf einen Tropfen unserer *Medicin* fallen, derselbe wird durchdringen, und sich in vollkommener Farbe färben, und ein Zeichen der Vollkommenheit sein. Und so es etwan nicht färben würde, so wiederhole die Auflösung und *Coagulation*, bis sie färbet und durchdringet.

Merke, daß sieben Eintränkungen oder *Imbibitiones* genug sein aufs höchste, und fünfe zum wenigsten, auf daß die *Materia* schmelze und nicht rauche, und alsdann ist das Werk zum Weißen bereitet und vollkommen, denn sich bisweilen die Materia länger, bisweilen ehender fixieret, nachdem der *Medicin* viel ist, Nimm in acht, daß unsere *Medicin* von Anfang unsers Mercurii bis zur Weiße, sieben Monat, bis zur Röte aber fünf Monat Zeit, welche zusammen zwölf Monat machen, erfordert.

Die dritte Arbeit
Rubificatio oder Rotmachung

Nimm der weißen Medicin, so viel du willst, und setze sie mit ihrem Glase auf die heiße Asche, bis sie eben so wie dieselbe ausgetrocknet sei; hernach gib ihm das Wasser der Sonnen, welches du zu dieser Arbeit absonderlich bewahret hast, und verfolge mit dem Feuer im andern Grad, bis es eintrockne. Dann gib ihm wieder von obgesagtem Wasser, *imbibiere* und trockene ein, also eins aufs ander, bis die *materia* rot werde, wie ein Wachs schmelze, und auf dem Blech rot fließe, wie gesagt ist, alsdann wird die *materia* zum roten vollkommen sein. Merke aber, daß du von dem Wasser der Sonnen niemals mehr nehmen mußt, als nur das *Corpus* zu bedecken, und mehr nicht, und dieses geschieht darum, daß das Elixir nicht untergetaucht und ertränket werde. Und also soll das Feuer bis zum eintrocknen verfolget, und dann die andere *imbibition* vor die Hand genommen, und also *continuieret* werden, bis die *medicin* vollendet, nämlich bis die Wirkung der *digestion* des Feuers, es in ein rotes Pulver verkehret habe, welches das rechte Öl der Philosophen, der blutige Stein, der Purpur-Farbe rote Corall, der köstliche Rubin, der rote *Mercurius*, die Rote *Tinctur* ist.

Projection oder Aufwerfung

Jemehr du auflösest und wieder coagulierest, jemehr die Kraft unendlich vermehret wird. Merke aber daß die *Medicin* sich langsamer durch die Auflösung, als durch die Fermentation vermehret. Derohalben das solvierte seine Wirkung nicht wohl vollbringet, wenn es nicht vorhero in seinem *Ferment* fixiert ist, gleichwohl ist die Multiplicatio der solvierten *Medicin* abundanter, oder reicher und überflüssiger, als die so fermentieret ist, weilen die Subtilität, daselbst größer ist. Ich sage dir hierbei zur Nachricht, daß du in der Multiplication ein Teil des andern werden mußt, so wird es in weniger Zeit zu Pulver werden, nachdem das *Ferment* ist.

Beschluß mit dem Hermete

Also wirst du die Erde vom Feuer, das Grobe vom Subtilen, stetiglich, und mit großem Verstande scheiden, das ist, die vereinigte *separieren*, in dem Ofen durch die Auflösung und Absonderung der Teile, als Erde vom Feuer, das Subtile vom Dicken, usw. Das ist, die allerreineste Substanz, des Steins, bis sie ganz sauber, ohne einigen Makel und Unreinigkeit bleibe, scheiden. Und wenn man saget: er steiget von der Erde zum Himmel, so muß man die *Sublimation* der Körper verstehen. Ferner um diese *Distillation* wohl auszulegen, sagt er, daß der Wind ihn in seinem Bauche getragen, nämlich, wann das Wasser durch den *Alembicum* destillieret, da es erstlich durch einen rauchen neblichten Wind aufsteiget, und hernach im Grunde des Gefäßes wieder zu Wasser wird. Und nun auch die *coagulation* der Materie zu zeigen, spricht er: seine Kraft ist vollkommen, wenn sie durch die Kochung umgekehret wird. Und um obige Dinge alle insgemein zu beweisen, sagt er: es wird die untere und obere Kraft erlangen, das ist, der Elementen, weil wenn die *Medicin* die Kraft der leichten Teile zu sich nimmt, nämlich Luft und Feuer, sie die schweren Teile, die sich in die Erde und Wasser verkehren, auch zu sich nehmen wird, und das darum, auf daß also die zusammengefügte Materien einen Bestand, Härte, und beständige Fixität unaufhörlich haben mögen. Gott sei Lob in Ewigkeit.

Mantissa Editoris

Morienus

Es ist dir auch not zu wissen, o frommer König, daß dieses Meisterstück nichts anders ist, denn ein Geheimnis aller Geheimnissen des Höchsten und Großen Gottes, dann Er selbst hat dies Geheimnis seinen Propheten befohlen, welcher Seelen Er nämlich in das Paradeis gesetzet habe.

Item

Wann sie nun einem unter seinen Getreuen gegeben wird, so muß sich derselbe alsdann wohl versehen, wem er sie danach mitteile und offenbare. Dann dieses Ding ist nichts, dann eine Gabe des Höchsten Gottes, der solches nach seinem Willen, wie es ihm gefällig ist, und wem Er auch will, aus seinen Knechten und Getreuen mitteilet und zeiget.

Et paulò post:

Dann Gott der Herr zeucht aus seinen Knechten hervor, und lieset aus die so ihm gefällig, daß sie diese Göttliche Weisheit, so dem Menschen verborgen, suchen sollen, und wann sie dieselbe gefunden, bei sich allein behalten. Dann dieses ist eine Weisheit, die ihren Herrn abhält von dem Elend dieser Welt, und führet ihn zu der Weisheit der zukünftigen Güter in jenem Leben.

Basis in Turba

Merket, daß Gott selbst die Wahrheit vor euch verborgen hat. Denn wann Gott in euch ein getreues Gemüt wüßte, so würde er euch alsobald die Wahrheit und den rechten Weg offenbaren.

Fr. Basil. Valentin. part. 3 pag. 179

Dem es Gott gibt oder geben will, dem ist es klar und deutlich genug.

Anonymus

Wer diese Kunst recht weiß und kann,
der beut sie niemals um Geld an.
Tu Sapiens tace; Ut vivas in pace.

Ende

Schatz der Philosophiae, oder Original der verlangten Begierd,

Nicolaus Flamell

Dieser Schatz der *Philosophiae* lehret uns die Heiligkeit desjenigen, welchem alle Dinge zugehörig, der Himmel, die Erde, und das Meer, und folgends alle andere, so in denenselben erschaffen sind, von ihme rühren her alle Schätze der Weisheit, dann er ist allein der Allmächtige Schöpfer, welcher die Gewalt gehabt, aus nichts zu erschaffen alle Ding, und hat wollen verbinden, und zueignen die fremde und ausschweifige mit denen eigenthümlichen Dingen, durch einen Vergleich unter denen ungleichen, und durch seine Güte geben Gesundheit, Genesung der Krankhaften, durch gewisse Arzeneien, und Vollkommenheit denen Unvollkommenen: Welches die Weisen, und alte Weltweise haben gänzlich erkannnt, und verstanden durch zwei Mittel, wie sie gehandelt, und geschrieben haben in diesen Büchern: Aus welchen zwei Mitteln, das eine aufrecht und das andere fälschlich, das aufrechte und wahrhafte haben sie in Schriften verfaßt, mit sehr dunkelen Worten, damit sie nicht sollen vollkömmlich verstanden werden, als von denen Weisen allein, dieselbige verbergend und hinterhaltend, denen Bösewichtern, so diese Wissenschaft hätten verunehren können.

Wisset dann, daß diese Wissenschaft ein Erkenntnis sei der 4 Elementen, der Zeiten und Eigenschaften derselbigen, so durch das eine in das ander gleichförmig verändert werden; Indeme die Weltweisen sämmtlich überein stimmen. Halte auch für gewiß, daß in allen Dingen, so unter dem Himmel erschaffen, 4 Elementen sein, nicht zwar sichtbarlich, sondern in der Sache selber, vermittelst der Weltweisen unter der Decken der elementarischen Lehr, diese Wissenschaft heraus geben, und vorgewiesen, auch darum gearbeitet: Weilen sie aber keine Erkenntnis der Erden hatten, so verstehen sie durch die 4 Elementen viel Dinge, als Blut, Haar, Eyer, Urin; und andere Sachen, dessen ich nur gespottet, so geschehen, wann ich zu einem bessern Sinn kommen, als ich gehabt hatte.

Nachdem ich nun erkennet die aufrichtige Materie oder Samen aller Metall, und daß der *Mercurius* seie, so da gekochet, und zusammen gefüget in dem Kreiß der Erden; durch die Hitze des Schwefels, welche ihn kochet nach seiner eigenen Tugend: Von deme durch die Vermehrung desselben vielfältige und unterschiedliche Metall herinnen sind, und aus der Erden hergesprossen; dann der Samen und *Materi* derselben ist einfältig und gleichsehend: Aber nichts destoweniger sind besagte Metallen entschieden, allein durch die Accidentalische oder also zu nennen unnotwendige Wirkung, nämlich durch die Verdeuung und Sättigung, welche bald größer oder kleiner, *temperiert* oder nicht *temperiert*, brennend oder nicht brennend; Und also bekräftigen es einhellig die Weltweisen; Denn es ist gewiß, daß alle Ding, sich aus dem *formieren*, und machen, in was sie sich danach hin *resolvieren* und entscheiden, wie zu sehen im Eis, welches sich vermöge der Hitze in das Wasser verkehret. So ist es dann ganz klar und offenbar, daß es zuvor Wasser war: Eben desgleichen sind alle Metall verändert in *Mercurium*, weilen sie in ihrem Ursprung nichts anders waren, als *Mercurius*, so ich nachgehends dartun will. Indem wir dann also praesupponiert und gesetzt, werden wir leichtlich auflösen können des *Aristotelis Argument*, sagend: *In libro 4. de Meteoris*. Alle Künstler sollen wissen, daß die Species oder Gestalten der Metallen sich nicht können verändern, wann sie nicht zu ihrer ersten Materi wiederum sind *reduciert*, und gebracht worden, wie aber die Wiederbringung und Veränderung derselben in ihre erste Materi sich verhalte, wird bald hernach gesagt und erkläret werden. Die Vermehrung, und nicht die Veränderung derselben ist leicht; Dann ein jedes Ding so wächset, und aus der Erden sprießet, häufet und vermehret sich, wie erscheinet in allerhand Pflanzen, Bäumen, und Tiere; dann ein Körnlein bringet herfür tausend, von einem Baum kommen hervor tausend Zweige, ja unzählbare;

und aus einem Menschen ist das ganze menschliche Geschlecht erschaffen worden. Wann nun deme also, daß alle Dinge sich vermehren und zunehmen, durch ihre Gestalt, so kann sich ebenfalls das Metall vermehren und zunehmen, und zwar ohne Unterscheid. *Aristoteles* machet eine *Question* und fraget, ob es nämlich geschehe mit einen *Organis*, oder nicht natürlichen und künstlichen Minierungen. Ist es nun also, daß alle Metall herkommen und wachsen in der Erden: So ist es wohl möglich, daß in ihnen auch vollkommen sei eine unzählbare, und gleichsam immerwährende Zunehmung und Vermehrung, aber dieses kann anders nicht sein, als alleinig, weil es vollkommen ist in dem Mond, oder Ordnung der Metallen, deren die Vollkommenheit, und ganzes Herkommen ist, die aufrichtige und wahrhafte Arznei, das *Elixir* der Weltweisen, zu dem nicht anders möglich ist zu gelangen, als durch das eigene *interponierte* Mittel oder Ding; dann es ist keine Bewegung von einem Ende in das andere, als alleinig durch ihre eigene Mittel. Ich hab gesehen die Eigenschaft dieses Mittels, oder mittelbaren Dinges, welche allezeit in sich hält die *Extrema* und Ende, so da sind der Schwefel und *Mercurius*, aus denen von einem so wohl als dem andern, ist zubereitet, und vollendet worden das *Elixir* des mittelbaren Dinges, welches natürlicher Weise mehr *putirficiert* ist, besser gekochet, und wohl verdäuet, auch aufrichtiger und folglich näher. Wohlan dann vielgeliebter Leser, nimm wohl in acht, daß du keine Fehler begehest; dann dasjenige, was der Mensch wird ausgesäet haben, desselben wird er wiederum einschneiden; so ist es dann ganz offenbar und ausdrücklich, wie es um diesen Stein seie, und was für Mittel desselbigen; dann nichts fremdes ist dazu gefüget, sondern alleinig die überflüssige Dinge sind darvon genommen worden. Und nichts kommt überein mit unserer Kunst, als das, was nahe ist, und von seiner Natur. Ich hab dir also, Lieber Leser, anjetzo erklärt, und ausgelegt die *Sentenz* und Sprüche der Alten, wie nicht weniger auch ihre finstere und verborgene Wort durch Vergleichung vorgetragen, so ich zu solchem Ende tun wollen, daß du solltest achten, und dafür halten, daß ich die Lehr und Meinung der besagten Weltweisen, wohl verstanden habe, hingegen auch bekräftigen sollest, daß sie wahrhaftige Dinge geredet und geschrieben haben.

Von dem ersten Wort oder Vornehmen der Weltweisen

Das erste Wort der Weltweisen ist das, was sie genennet haben eine *Solution* und Auflösung, oder *Fundament* der Kunst, und um so viel besser sagt Maria, Mutter und Prophetin; Erweiche und lege einen Gummi zu dem andern durch eine wahrhaftige Ehe, so wirst du nichts anders daraus machen, als ein laufendes Wasser: Also sage auch der Prophet: Wann ihr nicht verkehret ein leibliches Ding mit einem unleiblichen, so ist euer Arbeit umsonst, und für nichts, von welcher *Solution* oder Veränderung handelt *Parmenides & Agadimon in libro de Turba,* sagend: Daß, nachdem etliche von solcher Solution oder Auflösung reden gehöret, vermeineten und dafür hielten, daß es ein Wasser des Meers seie, Wann sie aber die Bücher gelesen, und solche recht verstanden hätten, so wüßten sie, und würden vernehmen, daß es ein stillstehendes Wasser seie, welches ohne seinen Begriff und Inhalt (an welchem es gleichsam angeheft, und zu einem Ding worden) kann nicht stillstehend sein; Dann die Solution oder Auflösung der Weltweisen ist nicht die Einträнkung oder Eindrückung des Wassers; sondern eine Veränderung des Begriffs in dem Wasser, aus welchem zuforderst sind erschaffen worden, als nämlich in *Mercurio*, nicht anders, als wie das Eis sich in pures Wasser verändert, von welchem es erstlich sein ganzes Wesen gehabt hat. Nun hast du schon durch die Gnade Gottes ein Element, welches ist das Wasser, und dabei die *Reduction* oder Wiederbringung des Begriffs in deinem Wasser.

Von dem anderen Wort der Weltweisen

Das andere Wort ist, daß aus Wasser Erden gemacht wird, mit leichter, jedoch oft wiederholter kleiner Kochung und Verkochung, bis daß die Schwärze, oder die schwarze Farbe obenher erscheine; dann wie *Avicenna* sagt, *in capit de Humoribus:* die Hitze indem sie verbringet ihre Wirkung in feuchtem Leichnam, gebähret zuforderst und macht erscheinen schwarze Farbe, wie man sehen kann an dem Kalk den man gemeiniglich machet: Dahero sagt *Menabadus:* Befehlt und ermahnet diejenigen, die nach ihme kommen werden, daß sie leibliche Dinge unleiblich machen, durch *Dissolution* und Auflösung, in welcher man billich fleißig acht geben muß, daß sich der *Spiritus* nicht in Rauch verkehre, und sich durch gar großes Feuer und Hitze verkehren, derohalben sagt Maria; Nimm wohl in acht den gemeldten *Spiritum*, daß nichts durch den Rauch wegkomme, und daß das Feuer seie gleichsam gemessen, und *temperieret*, nach *Proportion* der Hitze der Sonnen in dem Monat Julio; damit durch lange und liebliche Verkochung, das Wasser dicke und zugleich verkehret werde in schwarze Erde, durch dieses Mittel wirst du das andere Element haben, welches ist die Erde.

Von dem dritten Wort der Weltweisen

Das dritte Wort herkommend von den Weltweisen, ist die Reinigung der Erden von der *Morienus* meldet, diese Erde mit ihrem Wasser wird faul, reiniget und säubert sich und wann sie wohl gereiniget, so wird die ganze Kunst durch Gottes Beistand wohl regieret sein. Also sagt auch *Hermes*: *Azod* und das Feuer machet weiß die Erz, und nimmt von ihnen weg die Schwärze, dahero sagt *Morienus*: Machet weiß das Erz, und zerreißet euere Bücher, das nicht euere Herzen verwüstet und zerbrochen werden; das ist die *Composition* aller verständigen Weltweisen, und der dritte Teil des ganzen Werks. So füget demnach hinzu, wie gesagt worden in *Lib. de Turba* die Trockenkeit der schwarzen Erden mit der Feuchtigkeit seines eigenen Wassers, und kochet sie bis daß sie weiß worden ist; dann auf solche Manier hast du das Wasser, und die Erde mit dem weißgemachten Wasser.

Von dem vierten Wort der Weltweisen

Das vierte Wort der Weltweisen ist das Wasser, welches durch einige Erhebung, wird können aufsteigen, wann es dick worden, und zusammen geronnen ist, oder mit der Erden conjungieret, und also hast du die Erden, das Wasser, und die Luft, und ist eben das, was *Philippus* sagt in *Libro de Turba*: Macht ihn weiß, und distillieret ihn gleich so bald durch das Feuer, bis daß aus ihm ein *Spiritus* heraus gehe, welchen ihr in demselbigen finden werdet, so genennet worden die Aschen oder Staub des *Hermetis*. Derohalben sagt auch *Morienus*: Verachte nicht die Aschen, denn sie erst ist die königliche Zierde deines Herzens, eine verbleibende Aschen. Und in dem Buch genannt *Lilium*, ist geschrieben: Nachdem das Feuer ist vermehret worden, durch ein gutes und vorsichtiges regieren, und man das Weiße erreichet, so ist man auch auf die Aschen-Farb kommen, welche die gebrannte Erden genennet worden. Worauf *Morienus* spricht: Auf dem Boden oder untersten Ort bleibt die gebrannte Erden, welche an sich hat eine feurige Natur, und solcher Gestalt hast du auch obangeregte Propositionen und Vortrag mit Elementen: nämlich das dissolvierte Wasser in einer weichgemachten Erden, der subtilen Luft im Feuer gebrannt, von diesen Elementen meldet auch Aristoteles in *Lib. de Regimina & gubernamento Principiorum*, an den Alexander: Wann du wirst gehabt haben das Wasser von der Luft, die Luft von dem Feuer, und das Feuer von der Erden, so wirst du alsdann vollkommentlich und aufrichtig haben die ganze Kunst der Philosophie, und es ist das Ende der ersten *Composition*, wie *Morienus* meldet.

Von dem fünften Wort der Weltweisen

Lasset uns nun weiter kommen, und schreiten zu der andern *Composition*, welche uns weiset das Pech zu machen, färben und lebhaft machen die erste *Composition*. Vermittelst wessen sagt Calio: Niemand hat gekönnt, noch künftig wird können färben die geblätterte Erde, als allein mit Gold: darum befiehlet *Hermes* sagend: Säet aus euer Gold in die weiße geblätterte Erde, welche durch die Ausbrennung die Art eines subtilen Feuers an sich genommen, und gleichsam der Luft Natur erworben. In dieser Erden säen wir das Gold, wann wir darauf tun die Farbe desselben: aber niemalen kann das Gold vollkommentlich färben ein ander *Corpus* von sich selbst, oder durch seine eigene Tugend, wann es nicht aufrecht, und vollkommen gemacht worden durch Kunst, wegen des Spruchs *Morieni*; ob wohl dieser Stein an sich selbst natürlicher weise an sich hat eine Farb: so hat er nichts destoweniger von sich selbst keine Bewegung, wann er nicht durch eine kunstreiche Hand eine größere Vollkommenheit und gewisse Wirkung empfanget: Also sagt auch *Geber* in *lib. de Radicibus*; zu diesem Ziel und Ende machet sich die Wirkung, bis daß die Gold-Farb besser und vollkommener worden, als sie in ihrer eigenen Natur ist, wie nicht weniger auch daß gemacht sei das *Elixir* nach den *Allegorischen* und dunkelen Reden der Weisen, darüber ein Überzug mit Gestalt des Steins, und zubereitet sei eine Arznei allerhand Leiber zu kurieren, reinigen, transformieren, und verändern, in wahrhaftiges Silber. Aber eines wird gefragt: Ob wir Gold allein vonnöten haben, und kein ander *Corpus*? Höre und vernimm den *Hermetem*, sagend: Sein Vater ist in der ersten Vermischung die Sonn, und seine Mutter ist der Mond: Der Vater ist warm und trucken, der da hervor bringet die Farb: und seine Mutter ist kalt und feucht, unterhaltend das jenige was *generiert* und vorgebracht worden; dahero sind die Sonn und Mond von sich selbst, und ihre Naturen schwer zu schmelzen, und wann sie zusammengefüget sind, also, daß sich die Leimung und Zusammenfügung in dem Gold mache, so sind sie alsdann bald geschieden, derowegen saget Maria: Nimm das *Corpus*, werfe darüber den klaren *Mercurium*, welcher nicht anders sich vereiniget, und erhaltet, als durch eine Fäule, so auch an sich nimmet die Farbe des *Spiritus* und dieselbige dem Feuer zunahet, bis daß alles zerschmolzen, und alsdann gleich darauf werfet seine Frau, nämlich den Mond. Wann dann von unsern Stein einer davon gefärbet wäre, würde die Arznei sich niemal so leichtlich zerschmelzen, oder weich werden; vielweniger eine Farbe geben; sondern der *Mercurius* würde weichen, und durch den Rauch aufgehen, weil in ihme nicht aufnämlich oder empfänglich wäre einiges *Corpus* oder Farb. Nun ist die Sache also beschaffen; daß unser endliches Gold, und vornehmste Secretum seie, zuforderst zu haben die Arznei, ehe der Mercurius durch Zerschmelzung augenscheinlich weichen wollte; gewiß ist es, daß aus dessen zweien *Corporibus* die Zusammenfügung in unserm Werk vonnöten sei. Derowegen (wie *Geber* meldet in *perfecto lib. artis*) ist es das vortrefflichste und kostbarlichste aus denen Metallen, weil es die Färbung des roten ist, indem es verändert alle *Corpora*, und um so viel mehr, daß es das *Fermentum* oder darzukommende Bestärkung, welche da verändert die ganze *Massam* und Teig in seine Natur; Es will auch vonnöten sein, denselben zu kochen, weil er ist die Seel, welche den *Spiritum* mit dem Leibe vereiniget, dann gleichwie der menschliche Leib ohne Seel tot, und unbeweglich ist, also ist das unreine und unlautere *Corpus* ohne das *Ferment* oder Bestärkung. So ist seine Seel dann das *Ferment* des *praeparierten* Leibes, verkehret die ganze Massam und Teig in seine Natur, und ist kein ander *Ferment* nicht, als diejenigen Dinge, so zugeeignet werden der Sonn und dem Mond, welche über alle anderen Planeten herrschen: Eben desgleichen gebieten diese zwei *Corpora* über alle andere, und bringen sie zu ihren eigenen Naturen; deswegen sind sie genennet worden ein *Fermentum* oder Bestärkung; Dann ohne diese können sich die *Gummy* nicht verbessern, also zwar, daß *Meridius* geschrieben hat, sagend: Dieses kann sich nicht verbessern, wann es nicht erstlich durch Kunst und Wirkung *subtilisiert* worden. Eben dieser Ursachen halber spricht *Hermes*: Mein Sohn, *extrahiere* und ziehe an dich den eigenen Schatten der Strahlen der Sonnen, nämlichen die *Feces* oder den Schaum irdischer Natur. Also ist uns höchst notdürftig, oftgemeldtes *Ferment* oder Bestärkung, wie wir sehen können, und vernehmen durch die Gleichnis eines Kindes, welches wann es in seiner Erschaffung vollkommentlich geboren ist, aber zu keiner *Perfection* und Wirkung des Lebens kommen kann, wann es nicht zuforderst gesäuget, und mit Milch unterhalten worden, bis es ein wenig mehr nach und nach in der Nahrung zugenommen: Also will sich geziemen mit unserm Stein zu tun. So nimm dann im Namen Gottes den vierten Teil *de Fermento Solis*, und drei Teil des unvollkommenen Leibes, von dem mache und *dissolviere das Ferment*, bis daß ein unvollkommenes *Corpus* daraus gemacht, und das Loch des Gefäßes wohl verschlossen sei, durch Mittel und Ordnung, wie oben gemeldet, ohne Unterlaß der Zubereitung zu allen Dingen, welches *Hermes* befiehlt, sagend: Nimm am Anfang deines Werks frische und gleiche Teile der Vermischung, menge alles durch einander, und reite es einmal, bis daß sie gleichsam durch eine Ehe zusammen gefüget, und in ihnen werde eine *Conception* oder Empfängnis an des Gefäßes Boden, und die *Generation* der *producierten* Sach gemacht sei in der Luft, von der *Morienus* spricht: Mache am Anfang, daß das rote Licht, zu sich nehme und fasse den weißen Rauch in einen sehr starcken Geschirr oder Gefäß, vermittelst einer steifen *Conjunction* ohne *Exhalation* und Ausrauchung desselben. Und das ist das fünfte Wort.

Von dem sechsten Wort der Weltweisen

Das sechste Wort der Weltweisen ist, wann du dem vierten Teil des *subtilisierten Ferments* wirst zufügen drei Teile der weißgemachten Erde, und nach diesem lassen eindrucken oder einträn-ken, von seinem eigenen Wasser wie zuvor, koche es auch so oft durch Wiederholung, bis aus zweien *Corporibus* eines worden sei, ohne Veränderung und Unterscheid der Farben. Derowegen sagt *Morienus*: Wann das weiße *Corpus* wird gebrennet sein, so tue darein den vierten Teil des *Ferments* des Goldes; dann das *Ferment*, nämlichen des Goldes; ist nichts anderes als derjenige Tieg, so vonnöten ist das Brot zu machen, welcher verkehrt die ganze *Massam* und Qualität des Tiegs in seine Natur: koche es dann in seinem eigenen Wasser, bis ein Ding daraus worden sei, und ein truckenes *Corpus*. Dann wie Maria saget: Wann die Luft es anrühren wird, so wird es zusammen gefrieren und ein *Corpus* daraus gemacht sein, so ist das *Secretum*. Wisse aber, daß alsdann das *Ferment* zu seinem *Corpus* gereichet und gegeben sei, welches dessen Seel ist, wie es auch bekräftiget *Morienus*: Wann du das also gereinigte Corpus, nicht bringest und treibest auf den Boden, und es nicht weiß machest, ihme auch die Seel nicht darein tuest, so hast du nichts gelernet, und verstehest wenig in diesem *Secreto*: darum soll gemacht sein eine Vermischung des Ferments mit dem reinen und klaren *Corpore*, und nicht mit einem unreinen und unsaubern. Dann wie *Basilius* saget: „Diese *Corpora* können einander nicht annehmen, noch sich vermischen, wann sie nicht zuvor wohl gereiniget und gesäubert sein, dann das Corpus nimmt nicht an den *Spiritum*, noch auch der Spiritus das *Corpus*: Also daß das jenige, was zu dem *Spiritu* gehörig, sei worden das jenige, was gehörig zum Corpus, so fern sie zuvor nicht wohl gesäubert sind, so nimmt und ergreift der Spiritus geschwind das *Corpus*, und das *Corpus* den *Spiritum*; wodurch man zu einem vollkommenen Werk gelanget."

Dann auf solche Art ist gemacht eine Veränderung durch die Natur, und dasjenige, was dick und ungeschickt war, ist dünn und subtil worden. Welches auch *Ascanius* saget *in libro de Turba:* „Der *Spiritus* verbind und vereinigt sich nicht eher mit dem *Corpore*, bis daß das besagte *Corpus* vollkommentlich gereiniget, und gesäubert sei von allem Unflat und Unlauterkeit. Anbelangend die *Conjunction* und Zusammenfügen, so erscheinen und erweisen sich vielfältig wunderbarliche Dinge, und nimmt als dann das vollkommene *Corpus* eine beständig verbleibende Farbe, vermittelst des *Ferments*, welches *Ferment* die Seel des unvollkommenen *Corporis* ist; und der *Spiritus* vermittelst der Seel verbindet und vereiniget sich mit dem *Corpore*, also daß sie sich zusammen verkehren in die Farb des *Ferments*, und mit ihnen eine Beschaffenheit sei. Dieser liebreiche *Elixir* wie *Avicenna* sagt, welcher sich färbet mit seiner eigenen Farbe, stürzet und ersäufet sich auch in seinem eigenen Öl, und machet sich anhängig an seinem Kalk, von welchem wir das Wasser gefunden, nicht anders, als den *Mercurium* zwischen den gesäuberten irdischen Materien in denen *Mineralien*." Und sein Oel ist wie der Schwefel, oder *Arsenicum*, aber in denen Mineralien machet sich die Wirkung noch besser, häufiger, und subtiler. Von diesen Veränderungen hat auch gesaget *Maria*: In diesem Werk ist nichts anders, als wunderbarliche Dinge; dann in dasselbe kommen und gehen ein 4 Stein, aus welchem ein König, durch obgemeldte Dinge, die ganze Regierung haltet. Aus diesem ist kund und offenbar demjenigen, welcher wohl und subtil auf siehet auf das, was die Weltweisen gesagt und geschrieben haben, so warhaft in ihren dunkelen Worten; dann sie sagen, daß unser Stein aus 4 Elementen sei, wie es erstlich in genere gewiesen worden. Dann wie *Rasis* saget: Alle Dinge so unter dem Himmel des Monds von dem höchsten Gott erschaffen sind, sind teilhaftig der 4 Elementen, nicht zwar daß sie vor unsern Augen erscheinen, sondern erkennet werden durch den Effect und Tat selber; dann der Stein ist nur ein Ding, eine *Substanz*, und Wurzel, und eine Natur, wie Hermes meldet. Fange derohalben an im Namen Gottes, und erkenne die Natur unseres Steins, dann er hat seinen Ursprung von der Wurzel seiner Materie, weil er in derselben, und von derselben ist, und nichts gehet ein, und kommet zu demselben, was nicht davon ausgangen, und herkommen ist. Es stimmet in der Wahrheit nichts überein mit einem Dinge, als was nahe ist, und seiner Natur; dann ein jedes Ding liebet seines gleichen. Deswegen spricht *Plato*: Es ist eine *Substanz*, und ein Wesen, welches nichts ist, als ein Ding, warm und trucken, kalt und feucht; dahero es genennet worden, das geringe oder die kleine Welt. Dann von ihm, in ihm, mit ihm, und durch ihn sind alle Metall. Eben also wie einem

Baum, dessen die Zweig und Blätter; Blüt und Früchten, von ihm und durch ihn sein, und er ist alles zugleich. Es ist wahr, daß kein Ding sich gebähre, als von seines gleichen, oder gleichem Ding in seiner Gestalt, welches genannt wird *Homogeneum quid*, das ist nämlichen einer Natur. Also befindet sich ein solches Ding nur einfältig und gleichbar, nicht unterschiedlich noch zerteilet: sondern die Weltweisen haben diesen Stein genennet durch die Namen aller leiblichen Dinge und Gestalten. Darum saget *Pythagoras*: dieser Stein nennet sich durch alle Namen, und hat nichts destoweniger nur einen eigentumlichen.

Der Mond zwar viel der Namen hat,
Jedoch nur ein Natur und Art

Dieser Mond, Seel, und Wasser wird genennet durch alle Namen, unangesehen er nur einen hat, also daß *Pithen* saget: Lasse ab die viel Zahlen der finstern und dunklen Namen: dann es ist nur eine Natur, und nicht unterschiedliche, die alle Dinge überwindet, welche ein solches Ding verbessert: es ist wahrhaftig nur eine Natur, die da grünet, und sich vermehret. Also daß *Diomedes* saget: die Natur verbessert sich nicht, als allein in seiner Natur, in welche du nicht wollest einführen ein fremdes Pulver, noch unterschiedliches Ding, so es verderbe und nicht verbessere, sondern sie selber macht sich grünen und vermehren. Wie es selber macht sich grünen und vermehren. Wie es bezeuget Maria, sagend: Weißer *Kibrit*, und feuchter Kalk, welche nur ein Ding, und von einer Wurzel, sind die Wurzel dieser Kunst: haben also die Weltweisen diese Dinge genennet durch vielfältige Namen, welches nichts desto weniger nur ein Ding ist, wie *Morienus* meldet: Ich sage euch die Wahrheit, daß kein ander Ding, die jetzige und neue Weltweisen zum Irrtum gebracht, als die Menge und Viele der Namen. Wisset aber all ihr Weltweisen, daß diese Namen nichts anders sein, als die erscheinende Farben, in der *Conjunction* und Zusammenfügung: und also wirst du nicht fehlen in dem Weg des Werks; ob wohl zwar die Weltweisen ihre Sentenz und Namen vermehret, so verstehen sie doch nur ein Ding, einen Weg zu wirken, und eine *Demonstration* der Farben. Merk wohl, daß dieser Unterscheid der Farben nicht erscheine, noch sich anders erzeige, als in der *Conjunction* der Seelen mit dem *Corpore*, wie *Morienus* saget: Nur einmal erneuert das Feuer in ihm unerschiedliche Farben. Sie haben auch vorgegeben, daß unser Stein ein Corpus, Seel und *Spiritum* habe, und also haben sie die Wahrheit gesagt; Dann das unvollkommentliche Corpus von sich selber ist nichts anders, als ein schweres und ungestaltes, krankes und totes Corpus.

Das Wasser ist der Spiritus, welcher reiniget, subtilisieret, und weiß machet das Corpus, das *Ferment* ist die Seel, so dem unvollkommenen Corpori das Leben gibt, welches es zuvor nicht hatte, und bringet das besagte Corpus zu einer bessern, und vortrefflichern Gestalt. Das Corpus und Weib ist die Venus, der Spiritus ist Mercurius. Derohalben spricht Morienus: Man kann den Mercurium nicht haben, als durch die weichgemachte, oder durch Weichmachung dissolvierte Corpora, nicht durch die schlechte und gemeine, sondern durch dieselbige, welche dauret, und verbleibet, bis daß der Mann und Weib miteinander vereiniget sein: Welches so lang währet, bis man auf das Weiße kommet. Merke abermal wohl, daß das Corpus wird ganz weich gemacht und zerschmolzen sein, wann in der Verkochung eine Schwärze erscheinen wird; Weswegen sagt *Bonellus*: Wann ihr sehen werdet, daß die Schwärze vorgehe, und anfange zu erscheinen in dem besagten Wasser, so wisset, daß das Corpus schon lind gemacht und *dissolviert* sei: Kochet es bei kleinem Feuer, mit einer *moderierten* Hitze in seinem Wasser, bis daß es sich abtruckne mit seinem gleichen *Vapore*; woraus sich ein Ding machen wird, welches in sich selber eine Vollkommenheit einführet. Der Spiritus aber kehret zu sich das erhöhete, und durchdrungene Corpus, und um so viel mehr nennet es sich ein verbleibend, und durchdringendes, ja gar ein Wasser des Lebens: dannenhero saget *Dardanus* in *libro de Turba*: Der Mercurius ist das verbleibende Wasser, ohne welches nichts gemacht ist, dann seine Tugend und geistreiches Blut ist *conjungieret* mit dem Corpore, und verändert es in Spiritum durch die Vermischung, so sie miteinander gemacht haben, und nachdem sie in eines verkehrt worden, so verändern sie sich eines in das ander: dann das Corpus tut einverleiben den Spiritum, und der Spiritus *transmutiert* das Corpus in Spiritum, färbet ihn als wie Blut. Dann alles, was einen Spiritum hat, hat auch Blut, welches durch seine geistreiche Feuchtigkeit die Natur stärket. Wisse auch, daß je mehr das

Corpus gekochet, eingetunket, und gewaschen ist, in seiner eigenen Feuchtigkeit, je mehr wird es auch klärer und besser erscheinen. Aber also, daß *Morienus* saget: Es ist nichts, welches könne wegnehmen den Schatten von dem Erz, bis er es färbet, und weiß machet, wie die Fisch-Augen; dann alsdann wartet es bis daß seine Tugend verändert sei zu der Natur seines Ferments.

Merke aber, daß das *Ferment* sei das stillstehende Wasser, welches den Stein färbet, denselben lebhaft machet, empfänget, und behaltet. Dahero saget Maria: Das fest angemachte Corpus, ist aus Materi des Saturni, so da begreifet die Digestion oder Separation der Farben, und erfüllet die Weisheit der Weltweisen, ohne welchem *Corpore* dieses *Secretum* zu keinem *Effect* gereichet, bis daß die Sonn und der Mond in einem *Corpore conjungieret* sein: Dann das Werk dieser Kunst, wie Euclides saget, liegt, und bestehet alleine an der Sonn und Mercurio, dann wann sie einander zugeeignet und *conjungieret* sein, haben sie eine immerwährende Färbung, maßen sie in dem Werk bekommen eine ungewisse und hin und her zerstreute Farb, in einem weißen Ding, so verkehren sie einen großen Teil des Weißen in Zitronen-Farb, welches zu erfahren ist, wann man Blut und Milch und Wasser zusammen tut. Wohlan dann, weil das Feuer mit dem Wasser schon vermischt ist, und es 4 sein werden, so mache danach, daß alles eins sei: und du wirst zu dem gelangen, was du suchest: dann alsdann wird über dem Feuer gemacht sein ein schwaches, auch nicht schwaches Corpus welches gleichsam still ruhend und friedsamlich sein wird. Aber die *Praeparation* dieser Dinge, von Anfang bis zum Ende, ist das lobwürdige immer stillhaltende Wasser: Dann es erzeiget augenscheinlich seine Färbung in ihrem Auswurf, und es ist die Vermittlerin, oder mittelbare Ding zwischen denen wiederwärtigen, der Anfang, das Mittel und das Ende, oder das erste unmittelbare, und endliche Ding, und wer dieses verstehet, der begreifet eine Weisheit. Etliche Weltweisen sagen noch mehr, mit diesen Worten: Wann ihr nicht verkehret die Leiber in keine Leiber, und machet, daß die unleibhaftige Dinge Leiber haben: so habt ihr nicht gefunden die Regul, und den Weg der Wahrheit. Und was dieses betrifft, daß die Weltweisen die Wahrheit sagen, so ist es in derselbigen Wirkung: dann das Corpus machet sich erstlich zu Wasser, und also das leibliche Ding, wird gemacht unleiblich, nämlich ein Spiritus, bald darauf in der *Conjunction* der Spiritus, nämlich das Wasser nimmt an sich ein Corpus, weswegen sagt Hermes: Verkehre und verändere die Naturen, so wirst du dasjenige finden, was du suchest: welches wahr ist, dann in unserer Kunst und *Secreto* machen wir erstlich aus einem dicken unartigen Ding, ein dünnes und subtiles, das ist zu sagen, aus einem Corpore machen wir Wasser: Und folgends aus einem feuchten Ding ein truckenes, nämlich aus dem Wasser Erden, Und solcher Gestalt verkehren und verändern wir die Naturen; dann aus leiblichen Dingen machen wir Geistreiche, und im Gegenteil aus Geistreichen, Leibliche. Und das ist was gemeldter *Hermes* saget: Unser Werk ist eine *Conversion* oder Verkehrung der Leiber, von einer Wesenheit zu der andern, von einem Ding in ein anders; aus Schwachheit, in Macht und Stärke, aus der Dicke, in subtiles und gelindes, aus der *Corporalität* in eine *Spiritualität*, nicht anders als der Samen des Manns in der Mutter des Weibs, allwo durch eine natürliche *Conjunction* sich erwecket eine Veränderung, von einem Ding in das ander, bis daß der vollkommene Mensch *formieret* ist, dessen Wurzel und Anfang er gewest ist, und verändert sich nicht von demjenigen, noch von seiner Wurzel etwas zerteilet: dann wie *Aristoteles* saget, eine jede *Generation* ist von dem gleichsehenden Dinge in der Natur; welches auch bekräftiget wird in der *Generation* der Metallen. Weswegen die Weltweisen sagen, lasset nicht dazu kommen einiges fremdes Ding, es sei gleich Pulver, Wasser, oder was anders, dann wann einiges fremdes Ding dazu kommet, so wird es *corrumpieret*, und ganz und gar verdorben. Um so viel besser saget Aros der König, daß es allein mit seinem Adelichen Schwefel solle *conjungieret* und zugefüget werden mit seines gleichen, weil es von ihme ist. Hernacher machen wir, daß das jenige, was oben ist, sei gleich dem jenigen, was unten ist, daß der Spiritus sei gemacht ein Corpus, und das Corpus, Spiritus, wie gemeldet worden am Anfang unsers Werks, welches erscheint und erkennet wird, in der Erhöhung oder *Sublimation*; dann das jenige was unten ist, wird gleich deme, was oben ist, und im Widerspiel, also daß sich alles verkehret in Erden. Welcher Ursachen halber spricht *Hermes*: Das was oben ist Erhebung und Aufsteigung, ist gleich dem jenigen, was unten ist, durch die Erniedrigung und Absteigung, und das, was unten, ist durch Verhärtung, als wie dasjenige, so oben ist durch Aufsteigung und

Erhebung, um zu *praeparieren* aus einem Ding, vielfältige und wunderbarliche Sachen. Das Wasser und die Erden, haben in sich den untern Ort, die Luft und das Feuer steigen in die Höhe, das Wasser und die Erden empfangen und ernähren: Die Luft und das Feuer machen die *Action* und Wirkung *conjungieren*, und eignen zu: Und diese 4 treffen und kommen überein mit unserm Stein: also daß Senior saget, daß die 4 Element *putrificiert* sein in unserm Stein; Dann in demselbigen ist das beständige Wasser, die stille Luft, die festgemachte Erde, und das Feuer umgibet, und umringet alles. In einem solchen Streit, muß man sagen, daß in ihme sein, und durch ihn *generiert* worden, diese 4 Naturen. So ist dann ganz gewiß und augenscheinlich, daß unser Stein, durch obberührte Dinge, aus vier Elementen sei. Die Weltweisen haben eben dieses bekräftiget, wenn sie sagen, daß dieser Stein aus 4 Elementen sei, welche (wie gesagt worden) in sich halte Leib, Seel und Geist: wollen auch, daß diese Dinge einer Natur sein, einer Materi und Wesenheit, mit einem Wasser und einer Wurzel: so sagen sie dann gewißlich die Wahrheit: dann unser ganzes Secretum und Werk machet sich mit unserem Wasser, von deme, und durch welches alle Dinge notwendig sind; dann es *dissolvieret*, und entscheidet die Leiber, nicht durch eine gemeine *Dissolution*, wie die Unwissenden glauben, und dafür halten, daß nämlich die zergehende Wolken sich in Wasser verkehren: sondern durch eine wahrhafte *philosophische Solution*, nämlich daß sie sich verkehren, in ein ölreiches und zusammenklebendes Wasser, von welchem sie am Anfang der besagten Leiber sind *procreieret* worden. Dahero sagt *Socrates*: Das Leben aller Dinge ist das Wasser: dann dieses Wasser machet eine *Dissolution* des Leibs und des Geists, und gibt einem toten Ding das Leben: es ist der stärkste Essig, saurer als das Sauer selber; kochet ihn, bis daß er dick werde: Inzwischen aber nehmt wohl in acht, daß der Essig sich nicht verkehre in den Rauch, oder daß er sich verliere, und ganz und gar verschwinde. Zum Überfluß tut dieses Wasser auch *transformieren*, und verkehret die Leiber in Aschen, *pulverisieret* sie. Nachdem wie *Marchos* der König saget: Unser Wasser *coagulieret* die Leiber, machet sie schwarz, wäschet und reiniget sie: nimmet gleichermaßen hinweg alle Schwärze, färbet und machet die ganze Materi weiß und rot: machet auch lebhaft alle tote Dinge in einem immerwährenden Leben, und der Ursachen halber ist es sehr *aestimieret* und erhoben. Dann unter allen Dingen ist es das jenige, so da machet die größten und wunderbarlichsten Wirkungen: *Morienus* saget, daß der Azod und das Feuer weiß mache das Erz, mit Hinwegnehmung von ihme alles Dunkele: aber das Erz ist ein unsauberes und unreines Corpus, der *Azod* ist der Mercurius. Ja was mehr ist, dieses Wasser conjungieret unterschiedliche *Corpora*, wann sie *praeparieret* sind auf die Art, wie gesagt worden: nämlich durch solche *Conjunction*, daß die Hitze des Feuers es nicht übersteigen und überwinden kann: das benennte Wasser macht eine Ehe und Verbindnis zwischen dem Corpus und *Ferment*, und von denselbigen verändert es eines in das ander, verhütet die Zerstreuung und Verbrennung des Feuers; dann die Erde, nachdem sie gebrannt, und weiß gemacht ist, und sich zuerheben beginnet, wird ganz geistreich, und ziehet an sich die Natur der Luft, vermittelst sich ein geistreiches, lüftiges, unzerbrechliches, und durchdringendes Ding ist. Derohalben saget *Hermes*: Das Wasser der Luft so sich aufhält zwischen Himmel und Erden, ist das Leben aller Dinge; dann es ist die Vermittlerin zwischen dem Feuer und Wasser, durch seine Hitze und Feuchtigkeit. Darum nimmet das Wasser an sich Feuer; weiln durch Vernunft die Hitze dem Feuer benachbarter, und näher ist, als das Wasser, durch die Feuchtigkeit: und dieser Ursachen halben machet es einen Bund und Ehe zwischen dem Mann und Weib: dann der Spiritus entstehet aus der Subtilität, in der Schönheit und Wohlgestalt der Luft: alsdann machet das Wasser die Luft lebhaft das was tot ist, vereiniget die Ehe, und bewahret die *Composition*, von der Verbrennung des Feuers: und dieser Ursachen willen haben die Philosophi gesaget, verkehre das Wasser in Luft, damit Leben mit Leben gemacht sei, und wann es wird eingegangen, und dazu kommen sein, zugleich Leben und Spiritus werde. So erhöhet dann unser Wasser die Leiber, nicht durch eine gemeine Erhöhung, welche die Idioten und Unwissenden verstehen, und dafür halten, daß unsere Erhöhung aufgestiegen seie; weswegen sie die gebrannte Leiber nehmen und sie vermischen mit den erhöheten Geistern, nämlich Schwefel, *Mercurius*, und *Wasser, Sal Armoniac*, und *Arsenic fixieren* und *conjungieren* sie zusammen, dergestalt daß diese wegen Stärke des Feuers eine solche Erhöhung verursachen, daß die Leiber mit denen Geistern aufsteigen, und sagen auch, daß alsdann die Geister und Leiber erhöhet sind, und sehr wohl gereiniget und gesäubert von ihren Überflüssigkeiten. Aber sie irren, und sind betrogen: Dann nach diesem finden sie alles viel unreiner, und unsauberer, als es zuvor war: Zumalen die Kunst viel schwächer als die Natur. Weswegen sagt *Albertus Magnus* in *Lib. de Mineralibus*: wann die fremde Feuchtigkeiten gereiniget, und weggenommen sind von der Wesenheit durch Art und Tugend der Natur des Schwefels, so können sie sich nicht besser reinigen durch Kunst; Dann die Eigenschaft der Natur gewisser und subtiler ist, als alle Kunst. Dannenhero ist unser Mittel zu *sublimieren* nicht in die Höhe steigen, sondern der *Philosophia sublimieren* ist aus einem kleinen, niederen, und verdorbenen Dinge, ein großes machen, das ist rein, von großer Vollkommenheit und Vortrefflichkeit. Dann gleichwie wann wir sagen, dieser ist erwählet und erhebet in einem solchen Grad der Dignität, so sagen wir auch, die Leiber sind erhöhet, das ist, *subtilisieret*, und verändert in andere Naturen. Dahero ist *sublimieren* so viel als subtil machen, welches allein unser Wasser ausrichtet. Darum sagt *Morienus*: Unser Wasser nimmt hinweg den Gestank des toten Leibes, in welchem keine Seele ist, und wann das besagte Wasser wird weis gemacht haben die Seel, und dieselbige erhöhet mit Bewahrung des Leibs, so nimmt es von ihme weg alle Finsternisse vom bösen Geruch.

Alchimides saget: Nehmet die Materi von ihren eigenen Mineren, und *sublimieret* sie in ihren höhern Ort, und schicket sie von der Höhe ihrer Bergen, und bringet sie wieder zu ihren Wurzeln. So ist nun erhöhen nichts anders, als eine dicke Materi subtil machen. Daherohalben sagt *Hermes*: Erhöhe und scheide das Subtile von dem Dicken, lieblich und mit großen Verstand, dann von der Erden steiget es gen Himmel, und wiederum herab auf die Erden, und nimmt an sich die Kraft der oberen Subtilheit, durchzudringen die untere Schwerigkeit, um darinnen zu wohnen und zu verbleiben. Verstehe also auf solche Manier die *Sublimation* der Weisen: dann sehr viel sind in diesem betrogen worden.

Was mehr ist, unser Wasser tötet die Leiber, und machet sie lebendig, führet es zurück in *Orient*. Es machet in der *Mortification* erscheinen die schwarze Farben, wann sie durch die Fäule der Erden verkehren: danach erscheinen noch ander unterschiedliche Farben vor der Weißmachung, welcher Farben Ende die Weiße, so beständig und verbleibend ist: dann sie ist gleichwie ein Gran oder Sämlein des Korns, nachdem es in die Erden gesäet ist, wann es einmal erstirbet, und getötet worden, viele Früchte bringet, nämlich viel Körnlein. So es aber nicht mortificiert ist, so bleibt es ganz allein. Eben desgleichen die Samen aller Dinge, so von der Erden herkommen, und darauf wachsen, verändern sich und verfaulen, bis sie zur *Corruption* oder Verderbung kommen, danach grünen sie, und vermehren sich in solchen Samen, von welchem sie ihre Wurzel und Anfang gehabt haben. Auf solche Weise wird auch unser Wasser ernähret, verfaulet und verdirbet, hernach grünet es, erregt sich wiederum, stehet auf und macht sich selber lebendig. Darum *Calid* saget: Wie ich gesehen hab, daß das Wasser von sich selber zusammen gefroren, da hab ich für gewiß erkennet, daß es die Wissenschaft wäre, und hab durch solche Anzeigung dafür gehalten, daß das *Secretum* wahrhaftig wäre. Kochet derohalben dieses Wasser mit seinem Leib, bis daß die Feuchtigkeit durchs Feuer eingetrucknet sei, und trucknet es auch solche Manier so lang, bis daß man sehen und erkennen könne, daß sich ihre eigene Spiritus zusammen gesammlet, und begriffen haben, und haben eine Wohnung gemacht in der Wurzel seines Elements: welches dann wird geschehen, so du wirst *mortificieret* haben das weiße und zarte Corpus, und also wird das Wasser geistreich sein, und die Gewalt haben zu verkehren die Naturen in andere Naturen, und wird tote Leiber lebendig machen, wird grünen und Früchte bringen. Es ist auch unser Wasser eine Mutter unterschiedlicher und wunderbarlicher Farben, und weisen sich in großer Zahl herfür, daß es unmöglich ist zu gedenken. Alsdann tut sich der Spiritus vermittelst der Seel dem Leibe zufügen, und ist eben gezogen von den Leibern, ist die Färbung des Wassers. Darum saget Senior: Das Wasser ist die aufgelöste *Tinctur* auf den Körper gebracht, gleichwie die Färber eine Colör auf die Tücher bringen, von welcher die Feuchtigkeit weggehet durch Abtrucknung, und die einige Farbe verbleibet durch die Eindrückung: Eben eine solche Beschaffenheit hat es mit diesem Wasser der Seel, welches binget die Farbe, so man auf die Weiße, durstige, geblätterte Erde führet. Solches Wasser hat *Hermes* genennet ein Wasser des Schaumes, des Goldes, und Blut des Safrans: weil es seine *calcinierte* Erde färbet. Dahero sagte er. Säet das Gold in die weiße geblätterte Erde, danach tuet das *spiritu-*

alische Wasser weg, und die Seel bleibet im Leibe, welche ist die *Tinctur* des Goldes: Dann diese Seel ist gleich wie ein subtiler unempfindlicher Rauch, welcher sich nicht erzeiget als durch den *Effect*, und seine Wirkung ist die Offenbarung und Erscheinung der Farben, und das Feuer wird gezeuget aus dem Feuer, wird ernähret im Feuer, und ist ein Sohn des Feuers: derohalben ist vonnöten, daß im Feuer verkehret werde, damit es dasselbige nicht fürchte; nicht anders, als wie ein Kind zu den Brüsten seiner Mutter gebracht wird.

Etliche *Philosophi* haben auch unsern Stein genennet das weiße Erz. Dannenhero haben *Lucas* und *Ixis Mindrius* in *libro de Turba* gesaget: Wisset alle, so da suchen unsere Wissenschaft, daß keine rechte *Tinctur* werde, als von unserm Weißen Erz, welches kein gemein Erz ist, dann das gemeine verdirbet und verwüstet alles das, deme es zugefüget wird: das Erz der Weisen machet weiß und vollkommen das jenige, deme es zugesellet wird. Deswegen Plato saget: Alles Gold ist ein Metall, aber nicht ein jedes Metall ist Gold, dann in der Natur ist das Gold schier gleich dem Metall, was anbelanget die Schwere und Härte in der Prob: aber in der Natur des Erzes, ist es nicht anders, als was in der Natur des Goldes ist, durch die *Corruption*, welche in der Erden ist, und verbleibet in dem Meer; derowegen hat unser Erz einen Geist, Leib und Seel, welche drei Dinge nur Eins sind: dann Geist, Leib und Seel sind Eins, weil diese alle sind an einem, von einem, und mit einem, welches seine Wurzel ist. So ist nun das Erz der Philosophen ihr *Elixir*, so mit der Vollkommenheit des Geistes, Leibes, und der Seel, erfüllet worden. Der Ursachen halben haben besagte Weisen ihren Stein mit unterschiedlichen Namen genennet, damit er allein von den verständigen und rechten Weisen könnte verstanden werden, denen Unwissenden aber verborgen sein. Ob wohl aber dieser Stein mit vielen und unterschiedlichen Namen genennet worden, ist er nichts destoweniger nur einig und einerlei. Dahero saget *Merculinus*: Es ist ein heimlicher, verborgener, und am tiefesten Ort eines Brunnens eingegrabener Stein, welcher schlecht, verwerflich und nichts geschätzet ist, wie Rauch und Unflat bedecket, dem man allerhand Namen, unangesehen er nur einfältig, zu geben pfleget. Darum sagt der weise Morienus: Dieser Stein ist nicht ein Stein, ist animiert und lebhaft, indem er hat die Kraft zu *procreieren* und gebären: dieser Stein ist ein Vogel, und nicht ein Stein, noch Vogel: dieser Stein ist ein Klump der seinen Anfang, Ursprung und Stamm nimmt vom Saturno: dieser Stein ist Jupiter oder Mars, Sonn oder Venus, und wann er Mars, Sol, und Venus ist, so ist dieser Stein allein viel glänzender, und hellscheinender als alle andere, ja mehr als der Mond selber, dann bald ist er Silber, danach Gold, nimmt an sich vielfältige Gestalten, bald heißet er ein Element, dann Wasser, dann Wein, Blut, bald Kristall, bald Jungfrau-Milch, bald Meerschaum, Essig, Kinder-Urin, bald auch *Sal gemmae*, die Sonn, das allerreineste Salz: das *Auripigment* bestellet und machet das erste Element. Bisweilen ist der vorgemeldte Stein genennet worden, das gereinigte und *putrificierte* Meer mit seinem Schwefel. Also verändern und verkehren sie die Namen, zumalen sie solches *Secretum* denen Narren und Unwissenden nicht offenbaren wollen, welches *Secretum* also gebildet, und durch verschiedliche Namen und Gestalten erkläret worden, damit die Weisen nicht sollen betrogen werden, und das besagte *Secretum* nicht soll ausgeteilet, und offenbaret sein denen Narren und Unwissenden.

Morienus sagt noch mehr: Unser Stein und die *Confection* oder *Composition* unsers besagten Secrets, ist in der Ordnung gleich der Erschaffung des Menschen. Dann erstlich ist die *Conjunction*, danach die Empfängnis, drittens die Schwängerung, viertens die Geburt, fünftens folget die Ernährung. Derohalben, lieber Leser, vernimm wohl diese Wort *Morieni*, so wirst du nicht fehlen, noch irre gehen in der Wahrheit. Tue nun deine Augen auf, siehe und verstehe wohl diese Wort, nimm auch in acht, daß das *Sperma*, oder Samen der Weisen ein lebhaftes Wasser sei: aber die Erden ist das vollkommene Corpus, welche Erde billig ist genennet worden eine Mutter: weilen sie in sich hält, und begreifet alle Elementen, und dahero wann das Sperma Mercurii conjungieret, und zugefüget ist der Erden des unvollkommenen Leibs, wird es alsdann die *Conjunction* genennet, dann in dieser Zeit dissolviert sich das Corpus der Erden, oder die Erden des unvollkommenen *Corporis in aquam spermatis*, und wird Wasser ohne einige Zerteilung. Daher spricht *Haly*: Die Solution des Leibs, und die *Coagulation*: Zusammenrinnung: sind zwei Dinge, aber sie haben nur eine Wirkung. Dann der *Spiritus* wird allein dick mit der *Coagulation* des Leibes: es *dissolviert* sich auch anders der Leib nicht, als mit der

Coagulation des *Spiritus*, und wann das Corpus und die Seel sich conjungieren und zusammen fügen, so wirket ein jedes unter ihnen in seines gleichen. Dessen Exempel ist die Erden und das Wasser, dann wann Erde und Wasser werden zusammen gesetzet, so tut das Wasser durch seine Feuchtigkeit und Kraft, sich äußerst bemühen, die Erde aufzulösen, denn es machet sie dünner als sie zuvor war, und machet sie ihm gleich, dann das Wasser ist viel subtiler als die Erde. Desgleichen tut auch die Seel im Leibe, und auf solche Weise wird das Wasser mit der Erden dicke, und wird der Erden gleich gemacht in der Dicke, dann die Erde ist dicker als das Wasser. Daher ist zwischen der *Solution* der Erden, und *Coagulation* des Geistes kein Unterscheid der Zeit, noch zerteilte Arbeit, also daß eines ohne das ander sei; gleich wie zwischen dem Wasser und der Erden in ihrer Zusammenfügung kein Unterscheid der Zeit ist, noch die *Separation* des einen oder des andern in ihren Wirkungen kann erkannnt werden. Dann gleich wie sich der Samen des Mannes nicht separieret von dem Samen des Weibs in der Stund ihrer *Conjunction*, also ist imgleichen in diesem allen ein einziges Ziel, ein Werk, ein Weg, und gleiche Wirkung, indem alles mit einander wohl überein stimmet. Daher saget *Merculinus*: die *Conjunction* zeiget nur an, und bedeutet die Vermischung und Gebärung, denn die Samen vermischen sich wie Milch, welches man sehen kann, wann die Vermischung vollkommen ist. Zum andern ist die Empfängnis, wann die Erde in ein schwarzes Pulver sich *dissolvieret*, und ein wenig von Mercurio bei sich zu behalten anfänget, alsdann würket das Männlein in das Weiblein, das ist, *Azod* wirket in die Erde. Dahero saget *Arisleus* in *lib. de Turba*: Die Männlein zusammen gebären nichts, so empfangen auch nicht die Weiblein, wann sie allein bleiben, dann die Generation muß geschehen durch Männlein und Weiblein, nicht anders als wie in anderen gesetzten Dingen. Dann die Natur erfreuet sich, wann die Männlein nehmen und heirathen die Weiblein, und geschieht durch eine wahrhafte *Generation*, jedoch ohne unbequeme Hinzutuung, oder Vermischung fremder und ungleicher Naturen. So gib nun und vermähle deinen vor allen deinen Kindern, sehr geliebten Sohne *Gabric* mit seiner Schwester *Beya*, welche eine Tochter ist kalter Natur, liebreich und zart. *Gabric* ist das Männlein und die *Beya* ist das Weiblein, welche den besagten *Gabric* verbessert, weil er von ihr herkommen. Und ob wohl *Gabric* viel hitziger ist als *Beya*, so kann er doch ohne die *Beya* nicht generieren. Nachdem aber der *Gabric* bei der *Beya* gelegen, stirbet er alsbald; dann *Beya* steiget auf den *Gabric*, verschließet ihn in ihren Bauch, dergestalt, daß man im geringsten nichts von ihme sehen kann, mit einer so großen und heftigen Liebe hat sie den *Gabric* umfangen, daß sie ihn ganz und gar verschlungen, in ihre Natur verkehret, und zerteilet, hat in unterschiedliche Teile; welches alles *Merculinus* in diesen Worten andeutet: Dasjenige, was in der Empfängnis war, wie Milch, verändert und verkehret sich in Blut: und das so weiß war, wird schwarz, darauf die herfürglänzende Röte folget.

Der dritte Punkt ist die Beschwängerung, wann sich die Erde weiß machet, durch die Regulierung und Herrschung oder Kraft der Natur. Das Wasser und die Erden wachsen und vermehren sich, und machen eine Zeugung und Vermehrung eines neuen Geschlechtes. Alsdann ist vonnöten, daß man wasche und säubere die schwarze Erde, und sie weiß mache mit der Wärme des Feuers. Darum saget *Haly*: Nimm das, was auf den Grund des Gefäßes oder Geschirrs sich gesetzet, wasche und säubere es wohl mit der Hitze des Feuers, bis daß seine Schwärze und Dicke hinweg genommen werde und lasse davon gehen die ganze Feuchtigkeit, bis es zu einem weißen Kalk werde, in welchem keine Makel noch Unreinigkeit sich finde; alsdann ist die Erde lieblich rein, und tüchtig die Seel zu empfangen. Daher saget *Merculinus*: Die Beschwängerung, so da stärket dasjenige, was nach der Empfängnis verändert ist, versichert uns einer größern Vollkommenheit, und dasjenige, so wohl gereiniget worden, verbindet und *conjungieret* sich einträchtig und friedlich.

Der vierte Punkt ist die Geburt, wann das *Ferment* sich vereiniget mit dem Leib, nämlichen das Corpus, oder die weißgemachte Erde, also daß aus allen nur ein Ding, eines Wesens und Farb gemacht worden sei, dann alsdann ist unser Stein geboren zu einem immerwährenden Leben, dann alsdann ist der Geist *conjungieret* mit dem Leib vermittelst der Seel und die *Composition* ist aufrecht und wahrhaftig, wie *Haly* spricht; dieses geschieht mit Fäuling und Verehlichung, welche Verbindnis und Ehe nichts anders ist, als das Subtile mit dem Dicken vermischen, und die Seel dem Leib *inserieren*. Die Fäulung ist nichts anders, als die Erde kochen und braten, reiben und dieselbige so lang befeuchten, bis sie sich mit einander vermischen, und alles eines worden sei. In diesen Materien wird kein Unterschied, noch *Separation* gemachet; alsdann wird sich die Erde, nachdem sie mit Wasser vermischt worden, bemühen, dasjenige zu erhalten, was dick ist, und das Dünne wird sich unterstehen zu reinigen die Seel mit dem Feuer, auf daß es dasselbige dulden und binden könne: so wird auch nicht weniger der Spiritus, so aus besagten Leibern entsprossen, großes Verlangen tragen mit ihnen ausgestreuet zu sein, daher sagt *Merculinus*:

Die vierte Beschwängerung.
Durch Mittel der Corruption,
Macht des Kindes kein Verlängerung,
Und gibt es ohne Fiction.
Das Leben ist geben, so es ist geboren,
Ists nicht geboren, ists Leben verloren.

Der fünfte Punkt ist die Ernährung, dann wann die Frucht aus dem Leib ist, muß sie notwendig unterhalten werden, erstlich mit Milch, vollkommener und gebührender Wärme, damit es nach und nach gestärket werde, und zu Kräften komme, mit Vermehrung der Nahrung nach der *Proportion* des Zunehmens und Aufwachsung; dann je mehr die Gebein sich verstärken, je mehr gelanget es zu seiner Jugend, und folglich zu seinem vollkommenen Alter des Wesens zu größerer Stärke und Kraft.

Eben also, und gleicher Gestalt muß man es machen in diesem Werk. Wisse dann, daß ohne Wärme nichts könne *generieret* oder gezeuget werden. Die gar zu große und brennende Hitze, verdirbet und macht zu nichte: ein kalter Ofen verjaget das, was ihm *conjungieret* ist: aber derjenige, so *temperieret* ist, verursachet durch seine liebliche und annehmliche Hitze, daß die verderbende Feuchtigkeiten des Leibes hinweggenommen, und ausgejaget werden. Dahero *Merculinus* saget: Was erstlich geboren, und an Tag gegeben worden, wird hernach ernähret, und unterhalten: das Feuer überwindet das Wasser, und der Ofen *administrieret*, und reichet dar die Nahrung: derowegen ist unser Stein auch genennet worden der geborne Sohn: von dem gemeldet worden in *Libro de Turba*: Verehret euren König, welcher da kommt vom Feuer, gekrönet mit einer Königlichen Krone, erleuchtet ihn, bis er ein vollkommenes Alter erreiche, verbrennet ihn aber nicht, daß er nicht weiche durch die zu große Hitze, dann wann ihr ihn zum Zorn werdet bewegen, so wird er von euch hinweg nehmen sein Regiment und Herrschung: Dessen Vater ist die Sonne, die Mutter der Mond, welche der Wind in seinem Bauch getragen hat, seine Säugamm und Ernährerin ist die Erden: aber es ist wahr, daß er ernähret werde von seiner eingenen Milch, nämlich von dem Samen, von welchem er anfangs gewesen ist. So muß er dann getränket und nach und nach oft befeuchtet werden von seinem *Mercurio*, bis daß er satt, und vergnüglich getrunken habe. Alsdann, wie Haly saget, ist der Leib eine Ursach zu behalten die *Tinctur*, und die *Tinctur* wird machen zu erscheinen die Farb, die Farb verursachet, daß sich herfür tue die *Tinctur*, in welcher das Licht ist und das Leben der Natur. Dahero ist dieses der rechte und kürzeste Weg, und die größeste Vollkommenheit unserer Materi: ja das Ende und Vollendung unserer Kunst und Meisterstücks.

O sehr werter und geliebter Freund, du kannst gemählich und leichtlich verstehen die dunkele Wort der Weisen: dieweil wir oben gemeldet haben, daß du auf solche Weise erkennen könnest, daß sie in diesem alle übereinstimmen, und einhellig sind, nämlichen, daß kein andere Kunst oder Mittel zu machen sei, als das, was ich euch gesaget und gewiesen habe. So hast du schon die *Solution* des Leibs, und die Wiederbringung desselbigen in seine erste Materi, hernach hast du dessen Verkehrung in die Erden, desgleichen die Weißmachung der schwarzen Erden, und Subtilisierung oder Veränderung in die Luft: dann alsdann wird gemacht eine *Distillation* der Feuchtigkeit, welche in ihm ist, und nimmt an sich die Natur der Luft, so aus der Erden aufsteiget, welches da gebrannt verbleibet in der Natur des Feuers. Du wirst auch haben, die Verkehrung der Seel mit dem Leibe, imgleichen die Vermischung der Seel mit dem Leibe und dem Geiste zusammen, und nicht weniger die Veränderung derselben, eines mit dem andern. Dann es nimmt eine so große Vermehrung an, dessen Nutzbarkeit größer und fürtrefflicher ist, als man mit Vernunft fassen und begreifen kann, welches alles geschieht durch Hülf und Beistand des Gebets, und Mitteilers
aller Schätze und Gnaden, welcher in drei Personen
ein einziger Gott ist, und regieret
von Ewigkeit zu Ewigkeit,
Amen.

Ein kurzer Tractat genannt Summarium Philosophicum, Nicolai Flamelli

Wer da will Erkenntnis der Metallen, und gewisse Wissenschaft, wie sie *transmutieret* und eins in das ander verkehret werden, erlangen, der muß vor allen Dingen erkennen, woraus, und wie sie in ihren Mineren *formieret* werden. Also, und auf daß man nicht irre, muß man auf die *Transmutationes*, wie sie in den Adern der Erden allenthalben geschehen, sehen. Derowegen können sie sich auch außerhalb der Mineren *transmutieren*, wann sie zuvor geistlich gemacht werden: nämlich daß sie ihren Schwefel und *Argentum vivum*, so die Natur machet, bekommen. Dann alle Metall sein aus *Sulphure, & argento vivo formieret*, die aller Metallen zwei Spermata sein, und ist das eine männlicher, das ander weiblicher Art und *Complexion*. Diese zwei *Spermata* aber sein aus den vier Elementen *componieret*: das erste männlich, so man *Sulphur* nennet, ist nichts anders als Feuer und Luft: und ist ein fixer Schwefel, gleich dem Feuer, ohne veränderlicher und metallischer Natur: nicht aber der gemeine Schwefel, dann solcher ist keiner metallischen Substanz. Das ander weibliche *Sperma*, so *Argentum vivum* genennet wird, ist nichts anders dann Wasser und Erde. Diese zwei *Spermata* haben nun die alten Weisen fixurieret durch zwei Drachen oder Schlangen, deren einer Flügel, der ander keine Flügel hat. Der Drach ohne Flügel ist der Sulphur, so nimmermehr vom Feuer entfleuget. Die Schlange, so Flügel hat, ist das *Argentum vivum*, so der Wind hinträgt, der weibliche Samen, gemacht von Wasser und Erde. Darum fleugt es zu seiner Stunde von dem Feuer hinweg, und ist darinnen unbeständig. Wann aber diese zwei unterschiedliche von einander abgesonderte *Spermata* wiederum zusammen gebracht, und durch eine triumphierende Natur, in dem Bauch des Mercurii, welcher das erste Metall und der Metallen Mutter ist, vereinget werden, so nennen es die Philosophi den fliegenden Drachen: Darum daß ein Drach, so von seinem Feuer entzündet ist, im Flug allgemach Feuer und giftigen Dampf in die Luft auswirft: also tut auch der Mercurius, wann er über dem äußern Feuer an seinem Ort in einem Geschirr stehet, und das Feuer recht geordnet ist, das innerliche Natürliche, welches tief verborgen ist, anzuzünden. Alsdann kann man sehen, wie solches äußerliches Feuer, das das *vegetabilische* genennet wird, das Natürliche des Mercurii entzündet. Wer auch wachsam ist, der wird sehen in die Luft schießen und darinnen laufen einen giftigen Rauch oder Dampf, übelriechend, schädlich, sehr bitter, entzündet, und das ärgste Gift, welches nichts anders ist, als ein Drachen-Haupt, so schnell von Babylon, die zwo oder drei Meil umgeben, ausgehet. Andere Philosophi haben diesen Mercurium einem fliegenden Löwen verglichen, und ihn also genennet, dieweil der Löwe vielerlei Tier frisset und sich nach seiner Wollust damit ersättiget, ausgenommen diejenigen, die seinem Grimme mit Gewalt Widerstand tun können: dann also tut auch der Mercurius, der die Wirkung an sich hat, daß er ein jedes Metall, so ihme beigetan wird, alsbald seiner Gestalt beraubet, es frisset und verschlinget. Doch erinnere ich euch, daß zwei Metall sein, als Gold und Silber, welche ihm zu begegnen wissen. Wiewohl es auch bewußt ist, daß wann dieser Mercurius entzündet, er solche zwei Metall eben so wohl verschlinget, und in seinem Bauch verbirget: doch es gehe darein welches wolle, so verzehret er es nicht. Dann sie sein in ihrer Natur perfect und mehrers erhartet als er, so ein imperfect Metall, unangesehen in ihm eine Substanz der *Perfection* ist. Das gemeine Gold so ein perfect Metall ist, auch das Silber, und alle unvollkommene Metall, kommen aus dem Mercurio. Darum nennen ihn alle Philosophi eine Mutter der Metallen: Und folget derowegen, weil er auch selbsten zu etwas *formieret* ist, daß doppelte metallische Substanz in ihm sei: und erstlich die Substanz der untern *Luna*, danach auch der Sonnen, so ein Metall ist, deme andere nicht gleich. Von diesen zweien *Substantiis* ist der Mercurius *formieret*, welche geistlicher Weise in seinem Leibe sein. So bald nun die Natur diesen Mercurium von gedachten zweien *Spiritibus* gestaltet hat, so begehret er sie perfect zu *formieren* und *corporalisch* zu machen, welches ohne ihm nicht geschehen kann. Wann nun diese zwene Spiritus sich ermuntern, und die zwei *Spermata* erwachen, so ihren eigenen Leib anzunehmen begehren: alsdann muß ihre Mutter der Mercurius sterben: wann er nun natürlich getötet ist, so kann er sich nicht mehr so lebendig machen als er zuvor gewesen ist. Es sagen zwar, die ruhmredige Alchymisten, und *affirmieren* mit dunklen Worten, daß man die perfecten und unperfecten Corpora zu einem laufenden Mercurio machen soll: aber es ist Betrug darhinter. Wahr ist es, daß der Mercurius ein imperfect Metall, als Blei oder Zinn verkehret und *multipliciret* es ohne Mühe in der *Quantität*: aber hierdurch verlieret er seine *Perfection*, daß er nicht mehr ein perfecter Mercurius ist: wann er aber durch Kunst gerötet würde, daß er sich nicht mehr wiederum lebendig machen könnte, so würde er zu einem andern Ding werden, als im Cinober oder *Sublimat* geschiehet. Dann wenn man ihn durch Kunst coagulieret, es geschehe solches geschwinde oder langsam, so nehmen seine zwei *Spermata* kein fix Corbus an, würden es auch nicht behalten, wie es sonsten geschiehet in den Gängen der Erden. Auf daß aber niemand diesfalls irre, so kann er so wenig von der Natur unter der Erden nicht *coagulieret* werden, daß nicht bald ein fix Granum komme, welches von den zweien *Spermatibus* des Mercurii nicht ein wahres *Germen* herfür bringe: wie in den Bleigängen zu sehen. Dann es ist kein solcher Gang, daß nicht ein wahres fixes *Granum* da sei, nämlich des Goldes und Silbers, in Substanz und Nahrung. Diese erste *Coagulation* des Mercurii ist die *Minera* des Bleies, und ist ihm die bequemste, ihn zur *Perfection* zu bringen, daß er fix werde. Dann wie zuvor gesagt, so ist die *Minera* des Bleies nicht ohne ein fixes *Granum* des Goldes und Silbers: Welche Grana die Natur dahin gibt: also kann er sich multiplicieren zur *Perfection*, und zu völliger Kraft kommen, wie ich solches erfahren habe, und für gewiß bestätigen kann. So lang als er in seinem Mercurio, das ist, von seiner Minera nicht *separieret*, sondern wohl verwahret ist, (dann alles Metall, so in der *Minera* noch ist, das ist noch ein Mercurius) kann er sich *multiplicieren*, wann er nur von seinem Mercurio eine Substanz haben kann. Wann aber das fixe *Granum* hinweg genommen, und von seinem Mercurio, welcher seine Minera ist, geschieden, wird er sein wie ein grünend unzeitig Obst auf dem Baum, wann die Blüte vergehet, fänget die Frucht an sich zu *formieren*, und wird ein Apfel daraus. Wer aber die unzeitige Früchte abbreche, würde ihre *Formation* vererben: dann der Mensch hat nicht die Wissenschaft zu geben eine Substanz oder die Zeitigung, wie die untere Natur wohl vermag, weil die Frucht noch am Baum ist, und ihre Substanz und Nahrung von der Natur haben kann. So lange man nun der Zeitigung erwartet, also lang nimmet die Frucht den Geschmack an, und ziehet stetigen Saft an sich, sich vermehrend und ernährend, bis daß sie gar zeitig und vollkommen wird: gleicher Gestalt verhält es sich mit dem Golde. Dann wann die Natur sein *Granum* gemachet, und zu einem Mercurio gebracht, so ernähret sie solches täglich frühe und spat, vermehret es und machet es in seinem Mercurio vollkommen, wie es ist: und muß erwartet werden, bis daß es eine Substanz von seinem Mercurio bekommet: gleichwie die Früchte am Baum auch tun. Dann wisset, daß der Mercurius ein Baum ist der *perfecten* und *imperfecten* Metallen: darum können sie auch keine Nahrung haben, als allein von ihrem Mercurio. Sage derohalben, wann ihr wollet Früchte sammlen von dem Mercurio, der da ist die leuchtende Sonne und Mond, so es geschiehet, daß sie irgend einer Weise weit, doch ohne langes Verharren von einander sein, so gedenket nicht, daß ihr sie wieder zusammen, wie die Naturen anfänglichen getan, werdet fügen können, so wohl zu *multiplicieren*, und ohne Veränderung zu vermehren. Dann wann die Metall von ihrer *Minera* geschieden sein, so findet ihr sie sonderbar gleich wie klein Obst, so man zu frühe und unzeitig abgebrochen, welche nimmermehr groß worden. Es ist sonsten auch durch die Natur und *Experienz*, von den Früchten der Bäume, da, wann ein Apfel oder Birn von dem Baum abgenommen wird, es eine Torheit ist, sie wiederum auf den Sprossen zu setzen, daß sie groß und zeitig werden. Dann man weiß, je mehr man sie in den Händen umwälzet, je eher sie verwelken. Also ist es auch mit den Metallen. Dann wer gemein metallisch Gold und Silber nehmen und solche in einen Mercurium bringen wollte, der täte närrisch. Dann hierzu würde keine subtile Kunst zu finden sein, daß sich einer nicht selbst damit betrügen täte: er gebrauchte gleich vielerlei Wasser oder *Cement* oder viel ander Dinges mehr, so nicht alles zu erzählen ist: stetig würde es gefehlet sein, und geschehen, als wie denen, so unzeitige Früchte abbrechen, und sie wieder auf den Stamm zu setzen gedenken. Wiewohl etliche wahre Philosophi recht gesagt haben, wann man die Sonne und den Mond durch den rechten Mercurium zusammen füge, daß sie alsdann alle unvollkommene Metall vollkommen machen, darinnen aber der meiste Teil Leute irret, die kein ander Ding haben auf Erden, als sein *ve-*

getabilia, *animalia* oder *mineralia*, als diese drei, so in einem Ding beisammen sein: dann sie nehmen nicht in acht, daß die Philosophi nicht von gemeinem Gold, Silber und Mercurio reden, welche ganz tot sein, und keine Substanz mehr annehmen: sondern bleiben also, und kann keines dem andern helfen, daß es *perficieret* würde. Sie sein fürwahr die Früchte, die man vor der Zeit vom Baum genommen, und deswegen nicht achtet. Dann es wird in ihnen nicht gefunden, was man suchet. Sie haben nicht mehrer als was sie selbsten bedürfen: derohalben soll man die Frucht auf dem Baum suchen, so zu ihnen recht führet, welche Frucht von Tag zu Tage sich vergrößert und vermehret, so lang als der Baum Nahrung dargibt. Und dies Werk ist eine Freude zu sehen. Durch dies Mittel kann man den Baum ohne Sammlung der Früchte anfangen umzupflanzen, und in andere fruchtbare bessere Erden zu setzen, welche vielleicht in einem Tag der Frucht mehr Nahrung geben mag, als sie sonsten in hundert Jahren von anderer Erden nicht empfangen hätte.

Hierdurch ist nun zu verstehen, daß man den Mercuruim, so der hochgedachte und geehrte Baum ist, nehmen solle, welcher zugleich bei sich und ungescheiden beisammen hat die Sonne und den Mond: alsdann mag man ihn umpflanzen in eine andere Erden, die der Sonnen näher ist, zu erlangen wunderbarlichen Nutzen, dazu der Tau gnugsam ist. Denn da er zuvor gepflanzet gewesen, hat ihn der Wind und die Kälte also gschlagen, daß wenig Früchte davon zu hoffen waren. Daselbsten er lang geblieben, und nur kleine Früchte getragen. Es haben die Philosophi einen Garten, darinnen die Sonne frühe und Abend, Tag und Nacht jederzeit ohne Aufhören ist, samt einem lieblichen Tau, von dem sie wohl angesprenget wird, und träget die Erde Bäume und Früchte die dahin gepflanzet sein, welche gehörige Nahrung von angenehmer Weide empfangen. Dies geschiehet von Tag zu Tag, und sie werden alle stark und kräftig ohne verwelken, aufs wenigste in einem Jahr ungefähr, als sie sonst in tausend Jahren (also zu sagen) nicht getan hätten an dem Ort, da sie zuvor stunden, und die Kälte sie betrafe. Man muß sie nehmen, und sie über das Feuer Tag und Nacht stetigs im Ofen halten. Es soll aber kein Holz oder Kohlen-Feuer sein, sondern ein helles lichtes Feuer, nicht anders als die Sonne, welches niemals zu heiß oder brennend, sondern allezeit gleich warm sein soll.

Denn der Dampf oder Dunst ist der Tau oder Samen aller Metallen, so nicht muß *alteriert* werden. Du siehest an den wachsenden Früchten, wann sie zuviel Hitze haben, ohne ein wenig Tau, daß sie trocken bleiben, und auf den Sprossen absterben, oder zu keiner Vollkommenheit endlich kommen. Wann sie aber durch Wärme und mittelmäßige Feuchtigkeit auf dem Baum ernähret werden, so werden sie schön und herrlich. Dann Wärme und Feuchtigkeit ist eine Nahrung aller Ding auf Erden, als der *Animalien*, *Vegetabilien*, und *Mineralien*. Holz und Kohlen-Feuer ist ihnen nicht gut. Dann es sein gewaltsame Feuer, so nicht ernähren, als das, so von der Sonnen kommt: welche Wärme alle *corporalische* Ding erhält, darum daß sie natürlich ist. Derowegen haben die wahren Philosophi kein ander Feuer für sich erwählen wollen, als das natürliche, deme sie nachfolgen: nicht aber, daß darum der Philosophus mache, was die Natur machet: dann die Natur alle Ding, als *Vegetabilia, Mineralia,* und *Animalia*, ein jedes in seinem Grad, indeme es herrschet, geschaffen hat. So will ich auch nicht sagen, daß die Menschen durch ihre Kunst natürliche Ding machen. Wann aber die Natur solche Ding ausgewirket hat, so kann ihnen der Mensch durch Kunst helfen, und sie *perfecter* als die Natur getan, machen. Auf diese Weise haben die alten Philosophi uns alle zu informieren anders nicht gearbeitet, natürlich mit der Luna, und der rechten Mutter dem *Mercurio*, davon sie *Mercurium Philosophorum* gemachet, welcher in seiner Wirkung weit stärker ist, als der natürliche *Mercurius*. Dann dieser ist nur gut den schlechten vollkommenen und unvollkommenen, kalten oder erwärmenden Metallen: aber der Philosophische dienet auch für die mehr dann vollkommene und unvollkommene Metall, solche alle geschwind zu *perficieren* und *reficieren* ohne einiges vermindern, zutun oder verändern. Wie sie die Natur gemacht, also lässet er sie sein, und lässet doch auch nichts aus. Jedoch will ich auch nicht sagen, daß die Philosophi alle drei zusammen fügen, ihren *Mercurium* zu machen und zu *perficieren*, wie einen Teils unweise Leute und ungelehrte Alchimisten, die das gemeine Gold, Silber und *Mercurium* nehmen, und dieselben so übel *tractieren*, bis sie im Rauch hinweg gehen, und also den *Mercurium Philosophorum* zu machen vermeinen. Aber sie kommen zu diesem nicht, der da ist des Steins erste Materi, und wahre *Minera*. Wollen sie dazu kommen, und etwas gutes finden, so müssen sie gehen auf den Berg der sieben, da keine Ebene ist, und von oben herab anschauen die sechste, die sie von ferne sehen werden: auf diesem hohen Berge werden sie sehen das triumphierende regalische Kraut, welches etliche Philosophi *Mineralisch*, etliche *Vegetabilisch* genennet: Und *Saturnialisch* heißet. Man muß aber das Gebein sein lassen, und die Suppen, so davon kommet, nehmen, ganz rein und sauber. Davon kann der meiste Teil des Werks gemacht werden. Dieses ist der rechte subtile *Mercurius Philosophorum*, welchen du nehmen sollest. Erstlich wird er das Werk weiß, danach auch rot machen, so du meine Rede recht verstehest. Dann beides ist nicht mehr als eine Practik, welche so schlecht und leicht ist, daß sie ein Web neben dem Rocken oder Spinnen ungehindert verrichten kann, oder als wann sie der Hennen im Winter Eier unterleget, sie aus zubrüten, und dieselben nicht wäschet. Dann man wäschet die Eier nicht, wann man sie zum Ausbrüten unterlegen will, sondern wie sie sein, also unterleget man sie der Hennen: und tut nichts anders, als daß man sie täglich umwendet, und unter der Brüthennen umkehret, die jungen Hühnlein desto eher zu haben. Hiemit ich alles genugsam erkläret. Das Exempel aber auszuführen, sollest du erstlich deinen Mercurium nicht waschen, sondern ihn nehmen, und mit seines gleichen, welches das Feuer ist, in die Aschen, so das Stroh ist, setzen, in ein einiges Glas, so das Nest ist ohne andere Ding, in einen tüglichen Ofen der das Haus ist; so wird von dannen heraus gehen ein jung Hühnlein, so durch sein Blut dich heilen wird von aller Krankheit, und von seinem Fleisch dich zur Speise sättigen wird: Von seinen Federn wird es dich bekleiden, und für der Kälte bewahren. Darauf ich den höchsten Schöpfer bitte, daß er allen gutherzigen Alchimisten die Gnade verleihen wolle, dieses Hühnlein zu finden, daß sie sich davon erhalten und ernähren mögen. Gleichwie ich dasjenige, so ich allhier erkläret, und von oben herab von Gott dem Vater empfangen, der mir es aus Liebe nach seiner Güte gegeben, Derentwegen ich euch dieses kleine Tractätlein gemachet, auf daß ihr mehrere Lust habt zu suchen, und den rechten Weg treffet: welchen Tractat ich in ein Summarium gefasset, auf daß ihr nach den *Dictis Philosophorum*, die ihr, hinfüro mehrer verstehen werdet, das Werk besser ergreifet.

Ex veteri
Manuscripto cujusdam
Anonymi

Nachdem ich von Jugend auf zu der wahren Philosophia große Lust und Beliebung getragen habe, als bin ich auch unter die Sophisten und Betrüger, (wie *Comes Bernhardus*, und *Dionysius Zacharias* von sich selber zeugen) wie ihnen geschehen, geraten, um etwas von ihnen zu lernen. Dieweil ich aber durch viel Lesen und Studieren erfahre, daß es ein Geschenk und Gabe Gottes ist, und kein Philosophus Macht hat, bei Verlust des edlen Kleinods seiner Seelen, wie aus vielen Büchern der Philosophorum zu erweisen, dasselbige jemand zu offenbaren: Als verließ ich die Sophisten und *Proceß*-Verkäufer, und will auch jedem Liebhaber dieser Göttlichen Kunst dafür ernstlich gewarnet haben, niemanden Glauben zu geben, der ihm einen *Proceß* um Geld anbiet, welches ich in meiner Zeit viel erfahren habe, derowegen ich einen wohl dafür warnen kann, der sich nur will warnen lassen, dann ihre Trügerei ist eitel Lügen. Dann keiner kann ein *Particular* machen, ohne die *Extraction Salis Ammoniaci* oder *Mercurii Philosophici* aus der *Philosophorum* Pontischen Wasser, welchen Gebrauch die *Philosophi* nicht so offenbar entdecket haben: NB. Und diese *Extraction* soll allein Gott offenbaren, der der Menschen Herzen und Gemüt kennet, wie *Sendivogius* schreibet in dem Beschluß der zwölf Tractätlein. Et Paulò pòst. „Wann du nun mit der Zeit das erwünschete Ende erreichen wirst, alsdann wirst du mir glauben, und dich der Welt nicht offenbaren." Frat. *Basilius Valentinus* im fünften Schlüssel gedenket auch dieser *Extraction* mit diesen Worten: Also muß nun von dieser Materia ein sichtbarer Geist ausgetrieben werden, welcher doch unbegreiflich ist, derselbige Geist, sage ich, „ist die Wurzel des Lebens, unser Körper, und Mercurius der Philosophen, daraus das *Liquorische* Wasser bereitet wird in unserer Kunst, welchen du in seiner *Composition* wiederum materialisch machen, und durch gewisse Mittel, vom niedrigsten bis auf den allerhöchsten Grad, in eine überflüssige *Medicin* bereiten sollst." NB. Et Paulò pòst. „Und wisse, daß ich mit meinem Munde so weit keine Offenbarung mehr getan habe, und Gott hat mehr Wirkung und Wunder der Natur einverleibet, weder viel tausend Menschen solches glauben können, mir aber ist ein Siegel vorgedruckt (*Arrige aures Pamphile*) auf daß andere nach mir auch Wundersachen schreiben (aber nicht andern feil bieten) mögen, so da natürlich vom Schöpfer zugelassen, aber übernatürlich von den Unweisen gehalten werden." Und in Wiederholung des großen Steins der Uralten, vom Salz der Philosophen: Jetzo habe ich nach dem rechten Philosophischen Brauch geredet, dann es will mir nicht weiter gebühren, jedermann zu berichten, wie die Türen inwendig verriegelt sind. *Raymund. Lullius* in seinem letzen Testament Cap. 4. gedenket auch dieser Extraction, und nennet es ein himmlisches Feuer, „denn dieses Feuer wissen, ist das höchste *Secret*, weil es nicht menschlich, sondern Englisch ist, diese himmlische Gabe offenbaren. Damit nun der Philosophen Fluch, welcher den Nachkommenden hinterlassen ist, nicht auf uns komme, so bitten wir Gott, daß der Schatz unsers geheimen Feuers nicht denn allein in die Hände der Weisen kommen möge." Welche dieses Dinges Geheimnis offenbaren und entdecken, die sind Zerbrecher des himmlischen Siegels, und beleidigen die Göttliche Majestät, so viel an ihnen ist: Sind auch vielem Unglück unterworfen, und der Strafe Gottes nicht ferne.

Es hüte sich ein jeder Christ,
Zu öffnen was verboten ist,
Er schweige stille, ist mein Rath,
So hat er Ruhe früh und spath.

Lob und Dank sei Gott in alle Ewigkeit für sein hohes und mächtiges Geschenk, daß er die Natur zu unser aller Heil und irdischer Freud, mit einem solchen großen Reichtum aller zeitlichen Wohlfahrt so reichlichen begabet hat, Amen.

Die Große Erklärung des Steins der Weisen, zur Verwandelung aller Metallen
durch Nicolaus Flamell

Das 1. Kapitel
A.

Die unendliche Barmherzigkeit des wahren Gottes verleihe uns die Gnade, zu diesem großen Werk zu kommen, denn ohne deine Hilfe und Beistand können wir dazu nicht gelangen. Dein Wille geschehe.

Das 2. Kapitel
B.

Nehmet sehr guten Wein, der nicht gebrannt sei, nicht verfälschet, diesen putrificieret zwölf oder fünfzehn Tag und Nacht in ein gar geraumes Glas, und vermachet dasselbe mit dem Sigill *Hermetis*, damit er keines weges durchdämpfen könne, setzet es in das *Balneum Mariae*, doch daß es nicht tiefer darinnen stehe als der Wein im Glase stehet, wenn ihr solches heraus genommen, tut es in ein sauber gläsern Gefäß mit seinem Helm, *verlutieret* die Fugen wohl, und wenn es wohl vermacht, setzet es in ein gelindes *Balneum*, in welchem so viel Wasser sei, daß es die ganze *Lunarium* bedecke, hernach distillieret mählich, bis ihr sehet die Adern oder Streife an dem Oberteil des Helms erscheinen, womit ihr fortfahren sollet, so lange ihr gemeldte Adern oder Zeichen sehet, welche sein werden, wie laufende Tränen oder Blutstropfen, aber klar, wie ein Kristall, und fahret alsofort, so lange ihr diese Adern oder Zeichen sehet. Und wenn sein Tod beginnen wird zu kommen, welcher den obgemeldten Geist getötet hält, so werden die Tränen anfangen rund zu werden, und nicht mehr durch den Helm laufen, und die Gestalt der Perlen haben, alsdann nehme die Fürlage hinweg, verstopfet sie wohl, daß nichts verrieche, und verwahret es an einem so kalten Ort, als ihr immer finden möget; also werdet ihr geschieden haben seine Seele, ob schon noch von seinem Tode dabei ist. Auf diese Weise fahret mit dem gedachten distillieren fort, nach dem ihr seinen Tod werdet empfangen haben, das ist, sein *Phlegma*, welches wohlriechend sein wird. Fahret also so lange fort, bis die Materie am Boden liegen bleibet, wie ein dickes Honig, oder *geflossen schwarz Pech*, gebt wohl Achtung darauf, daß es nicht mehr rücken werde als dieses Zeichen anweiset, und alsdann scheidet die Elemente von unserm B. oder Wein. Also werdet ihr die Form ausgezogen haben, als ich euch gesaget, und auf diese Weise könnet ihr sie ausziehen von allen Individuis, nämlich den *animalischen* und *vegetabilischen*.

Das 3. Kapitel
Die Art und Weise die Form
von dem Tode zu scheiden
C.

Nehmet die Seele, die an einem kalten Orte in einem Geschirr aufgehoben worden, und setzet sie zu destillieren ins *Balneum Mariae*, und nehmet davon die Hälfte, oder auch so viel, bis ihr diese allerköstlichste Adern kommensehet, und also sollet ihr es zehen mal *rectificieren*, und euch allezeit nach dem obgemeldten Zeichen richten, und wenn zum dritten oder vierten mal oberwähnte Adern erscheinen werden, so haltet mit eurer *Distillation* auf, ohne weiter zu distillieren, sehet aber, ob sie das Tuch verbrenne, und wo sie dasselbe nicht verbrennet, so fanget das *Magisterium* wieder an, bis so lange ihr das obgedachte Zeichen habt, und wenn sie das Tuch verbrennet, so sollet ihr gleicher Gestalt vier oder fünf mal distillieren, und also werdet ihr die Art und Weise haben, die Materie zu *rectificieren*, nämlich die obgemeldte Seel, die durch das C. bedeutet wird, welche einer so großen Kraft und Tugend ist, daß die menschliche Zunge das Geheimnis nicht aussprechen kenn, welches Gott darein geleget, derowegen soll man sie wohl verwahren an einem so kalten Ort als man immer haben kann.

Das 4. Kapitel
Die Zubereitung des Honigseims,
und wie er in eine Quinta-Essenz zu bringen DD.

Nachdem ich erkläret habe die Art und Weise, unsern brennenden Geist von seinem Tode zu scheiden, und seine Kraft anzeiget, so wisset, daß er doch noch keines Weges die Macht habe, die zwei Lichter aufzulösen, und sie in *Actum* oder Wirkung zu bringen, wo er nicht geschärfet werde, ob schon die *Präparation* und Bereitung geschehen, wird in dem Kapitel, welches wir in gemein vom dem E. handeln werden. Aber damit ihr eure Zeit nicht verlieret, so müsset ihr also fort, wann ihr euren Geist habet, die Stunde vorher sehen, daß ihr ihn eiligst zum Werk bringet, und der Ursachen halben haben wir es in diesem Kapitel, mit zween Buchstaben, nämlich durch DD. angezeiget, indem wir durch den einen andeuten seine einfache Schärfung, und durch den andern seine Königliche Schärfung, oder vielmehr das Salz, das aus dem Honig-Seim gezogen wird, daß ihr, wann er damit geschärfet wird, versichert seid, daß ihr eure Mühe und Unkosten nicht verlieren werdet.

Nehmet demnach Honig-Seim von jungen Bienen, der weiß sei, und setzet ihn zu *putrificieren* in einem großen Gefäß in das *Balneum Mariae* mit seinem Helm, und lasset es alle Tage eine Stunde sieden, nach diesem gebt ihm ein mäßiges Feuer und lasset es also fünfzehen natürliche Tage stehen, danach tut so viel von dem C. dazu, daß es vier Finger hoch über der Materie stehe, hernach verschließet es mit seinem Deckel (*Antenos*) oder blinden Helm, und setzet es hin drei Tage zu *putrificieren*, danach setzet einen Helm darauf nebst seiner Vorlage, und nachdem die Fugen wohl vermacht, so lasset es sechs Tage lang distillieren, und wenn es distillieret ist, oder daß von acht Teilen sieben herüber gangen, jedoch ist das allerunfehlbarste Zeichen, wenn ihr die Adern kommen sehet, wie Tränen, wie wir in dem Kapitel B. gesaget haben, nehmet das tränichte Teil in dieser andern Arbeit weg, und wenn das tränichte Teil kommet, so nehmet euere Vorlage ab, und verstopfet sie wohl, daß sie keine Luft habe, und setzet es an einen kalten Ort. So wird es geschickt sein, geschärfet zu werden, leget alsdann eine andere Vorlage für, und lasset es bei dieser Wärme dort destillieren; und wenn es nicht mehr destillieren will, so vermehret das Feuer nicht, sondern nehmet die Vorlage hinweg und verwahret sie wohl vermacht, denn dieses andere Wasser oder vielmehr *Phlegma* wird euch dienen sein köstliches Salz auszuziehen. Setzet es hernach in Aschen und distillieret mit dem Feuer des dritten Grads, und wenn ihr durch dieses Feuer das Öl habt, so lasset es kalt werden, hernach reibet die Materie und tut sie in ein irden Gefäß, das nicht glasieret sei, und welches das *Reverberir*-Feuer acht Tage lang ausstehen kann; oder bis die Materie eurem Bedünken nach calcinieret ist, die ihr in Gestalt einer Aschen finden werdet, darüber gießet so viel von seinem *Phlegma*, daß es zween Finger darüber gehe, und vermachet es mit seinem Deckel, und setzet es drei Tage lang ins *Balneum*, hernach gießet es gemächlich ab in ein ander Gefäß, das rein sei, gießet alsdann wieder frisches *Phlegma* darauf, vermacht es mit seinem Deckel, setzet es wieder wie vor ins *Balneum*, und tut das so oft, bis ihr alle sein köstliches Salz ausgezogen, welches weißer sein wird als der Schnee, und dieses ist das Salz, damit wir unser einfaches C. schärfen, es ist dasjenige, so man gemeiniglich nimmt, die zwei Lichter zu *vegetieren* oder wachsend zu machen, und dieselbigen in das fünfte Wesen zu bringen. Mit diesem könnet ihr auch sein Wasser schärfen und vermehren, welches die Macht hat, alle irdische Metallen wachsend zu machen, und mit diesem Salz könnet ihr euren Notdürftigkeiten zu Hilfe kommen. Seid geheim, und danket Gott. Hernach müsset ihr alles was ihr zusammen gegossen habt, nehmen, dasselbe in ein sauber Gefäß tun, in einem gelinden Balneo Mariae zu *destillieren*, so wird euch am Boden euer Salz zurücke bleiben, weiß wie der Schnee, welches ihr hernach wiederum dreimal auflösen, und wieder *coagulieren* lassen sollet, so wird es durch dieses Mittel rein werden, alle seine Wirkungen zu tun.

Nun nehmet zum schärfen eine Unze des allerköstlichsten Salzes, das aus dem Honigseim gezogen ist, reibet es klein, und tut es in ein Gefäß, und gießet darüber vier Teil des C. das ist seines ersten *Spiritus*, vermachet es mit seinem Deckel und dessen Fugen gar wohl, als dann setzet es hin zu *putrificieren* zween natürliche Tage, alsdann nehmet den Deckel hinweg, setzet ihm seinen Helm auf, samt der Vorlage, und lasset es in einem gelinden Aschen-Feuer destillieren und wann es aufgehöret, so wisset das Gewichte des Salzes, das am Boden des Gefäßes bleibet, und gießet wieder vier Teil des gemeldten einfachen C. darauf, lasset es abermal in der Aschen *putrificieren* und destillieren, und also fanget das Werk immer wieder an, bis daß ihr es werdet so viel geschärfet und vermehret haben als ihr wollet, und seid erinnert, daß ein wenig des allerköstlichsten Salzes, als ein auf vier Teil des C. nämlich des ersten *Spiritus* genug ist, und also könnet ihr so viel machen als ihr wollet, und dieses ist die wahre und rechte Weise zu arbeiten, die man für den Unwissenden verbergen muß.

Das 5. Kapitel
Die Art und Weise zu circulieren,
und zu machen unsere Quint-Essenz, das ist, den einfachen vegetabilischen Himmel
E.

Nehmet ein groß gläsern Gefäß, und tut darein ein oder zwei Pfund des C. vermachet es wohl, wie ihr wisset, und setzet es zu *circulieren* in ein Balneum oder Pferde-Mist, seid aber gewarnet, daß wenn ihr euren Mist verändert, die *Circulation* nicht allzu sehr verhindert werde. Und also müsset ihr dreißig natürliche Tage *circulieren*, so werdet ihr am Ausgang derselben euere Materie finden, weiß wie ein Kristall, mit etwas so sich am Boden des Gefäßes gesetzet, wie ein Büschel Baumwolle, welches ihr gemachsam abgießen sollet, in ein ander Gefäß, und in dem Balneo wohl vermacht bewahren, und also werdet ihr euer *vegetabilisches Menstruum* haben, und unsern einfachen Himmel, welcher so große Kraft und Tugend hat, daß es eine menschliche Zunge nicht sagen kann, mit diesen machen wir die wahre *Solution* und *Calcination* der beiden Lichter, mit Erhaltung ihrer Grundfeuchtigkeit, denn es bringet aus der *Potentia in actum* alle vollkommene und unvollkommene Metallen.

Ich weiß wohl, mein Sohn, daß dir fremde vorkommen wird, daß ich nicht die Gestalt des Gefäßes beschrieben habe: ich habe aber in eurem Hause viel von meinen Geschirren und *Circulier-Gefäßen* gelassen. Davon eines hierzu dienlich sein wird.

Das 6. Kapitel
Die Art und Weise unsere so wohl vegetabilische, mineralische als animalische Erde zu präparieren und zu untersuchen
F.

Der wunderbare Anfang vor allen andern Anfängen dieser Wissenschaft ist der herrliche *vegetabilische* Mercurius, das ist die Zubereitung und Wohnung seiner köstlichen Erde, die aller Tugend voll ist. Zu dem Ende nehmet die Materie, die euch am Boden blieben ist, wie ein grober dicker Hönig oder wie ein schwarz Pech, als wir im Kapitel des B. gesagt haben, und gießet darüber so viel von seinem Tode, nämlich dem *Phlegma*, daß es vier Finger hoch drüber gehe, und fahret also damit dort, bis seine *Tinctur* oder sein unctur sich überflüssiges Teil sich solvieret, und ganz durch die *Distillation* heraus gehe, wie zuvor, alsdann lasset kalt werden an einem feuchten Orte, so werden von Boden des Gefäßes rote Steinlein herfür kommen, hernach gießet die Feuchtigkeit sachte durch die Neigung ab, und nehmet die besagten Steinlein heraus, gießet folgends wieder von dem gemeldten *Phlegma* auf die Materie und fahret mit der *Distillation* fort, bis solange keine Steinlein mehr gemacht werden, und also vermischet und trocknet allezeit, so lang bis ihr die Tinctur ausgezogen, und alsdann wird euch eine gewisse Erde verbleiben, wie ein *Diamant*, die ihr an der Sonnen, oder dergleichen Wärme trocknen sollet. Diese reibet folgendes klein, und tut sie in ein Gefäß, mit so viel seines Wassers, oder viel mehr C. daß es vier Finger hoch darüber gehe, vermachet es hernach mit seinem Deckel, und lasset es drei Tage *putrificieren*, hernach *destillieret* es gelinde aus der Aschen, und lasset also bei dieser Regierung des Feuers so lange destillieren, bis nicht mehr Adern kommen, und wenn es Adern zu machen beginnet, nehmet eure Vorlage ab, und stopfet sie zu, und leget eine andere für, und fahret in dem Distillieren fort, mit etwas stärkern Feuer, bis sein Tod übergangen sei; alsdann lasset das Gefäß kalt werden, so werdet ihr die Materie hart finden, die nehmet fürsichtig aus dem Gefäß heraus, und reibet sie klein, hernach tut sie wiederum in ihr Gefäß, und darüber von ihren C. daß es drei Finger hoch darüber gehe, verstopfet es mit seinem Deckel, danach setzet es in *Putrefaction* drei Tage lang, wie oben, dann nehmet den Deckel ab, und gebet ihm seinen Helm, und *destillieret*, wie zuvor, bis in dem Helm sich Adern zeigen; alsdann verändert die Vorlage, und führet mit eurer Arbeit fort, bis der Tod weiß liegen bleibet, und nicht mehr rauchet, wenn er auf ein sehr heiß eisern Blech geleget wird. Hernach habet bei der Hand ein Glas in Gestalt eines Apfels, oder einer runden Kugel, darein tut die obberührte Erde, verschießet desselben Mund wohl, und setzet es in Asche zu *digerieren* oder vielmehr zu *calcinieren*; und also werdet ihr haben eine köstliche Erde, welche geschickt sein wird, ihre Seele zu empfahen, oder vielmehr den Geist, mit Erhaltung der Grund-Feuchtigkeit und Nahrung derselben. Wisset mein Sohn, daß mit diesem Mittel allein und mit dem zusammenbindenden *Ferment*, das ist der Seele, des obgemeldten damit geschärften Leibes, wie wir euch insonderheit zeigen wollen, nämlich der Zusammensetzung der *Medicin*, alles gemacht wird.

Das 7. Kapitel
Die Art und Weise den Saft der beiden Lichter
exuberant, und mit denselben unser köstliches Compositum zu machen
G.

Nehmet eine Unze *capelliert* und *calciniert* Silber, so an diesem Ort durch das Q angedeutet wird, als in dem Kapitel H. wird gesaget werden, nehmet zwo Unzen Gold, so durch das P. bedeutet wird, ebenmäßig *calcinieret* nach Inhalt des gemeldten Kapitels, tut jedes von ihnen besonders in ein Gefäß, alsdann nehmet von unserm *circulierten* E. oder vielmehr der einfachen *Quint-Essenz*, und gießet davon auf die gemeldten *Calces*, daß es vier Finger hoch darüber gehe, vermachet es mit seinem Deckel, und setzet es zween Tage ins *Balneum*, und noch zween, andere Tage in Aschen, und wenn ihr sehen werdet, daß sich das Wasser etwas färbet, so gießet jedwedes absonderlich ohne Unterscheid ab, und setzet diese Solution in wohl verstopften Gefäßen ins *Balneum*, hernach gießet auf die *Calces*, die nicht solvieret sind, wiederum von neuem E. verstopfet es mit seinem Deckel, alsdann setzet es in die Aschen, wie ihr zuvor getan, und fahret damit so lange fort bis dieser *Solarische* und *Lunarische* Körper zu Wasser gemachet worden, hernach nehmet die Zusammensetzung des Goldes und des Silbers, und tut jedes besonders in sein Urinal, und *destillieret* es durch das *Balneum*, alsdann werden die Körper am Grunde des Gefäßes wie ein Öl bleiben. Dann nehmet die von beiden Lichtern destillierten Wasser, tut darein so viel von dem *vegetabilischen* Schwefel, als das Gold und Silber schwer ist, setzet sie danach zween Tage ins *Balneum*, daß sich das Salz wohl *solviere*, wenn sie aufgelöset sind, tut ein jedes absonderlich, nämlich ein jedes der gemeldten Wasser auf die Metallen, die am Boden des Gefäßes wie ein Öl geblieben; seid aber erinnert, daß der Schwefel den ihr in den oberwähnten Wassern aufgelöset, derjenige ist, den wir euch in dem Kapitel L. andeuten werden, nämlich der jenige, der aus dem Wein gezogen worden, und setzet sie also in die *Putrefaction* acht Tage lang, alsdann ziehet das Wasser, durch das *Balneum* davon, jedes besonders: danach tut dessen so viel darauf, daß es zween Finger hoch darüber gehe, vermachet es mit seinem Deckel, dann setzet einen Helm auf und *destillieret* es in der Aschen, und wenn ihr sehen werdet, daß die Wasser mit kleinem Feuer übergangen, so vermehret ihm sein Feuer ein wenig, so wird die Luft in seinem Wasser übersteigen; danach lasset das Gefäß erkalten, und gießet wieder neu Wasser darauf, vermachet es mit dem Deckel, und setzet es eine Nacht ins *Balneum*, alsdann nehmet den Deckel ab, setzet den Helm auf samt der Vorlage, und *destillieret* in der Aschen, wie oben, und also tut so lange, bis ihr den Saft der beiden Lichter ausgezogen, nämlich von Gold und Silber. Nehmet hernach die Erden und verwahret sie. Das unbetrügliche Zeichen aber wird sein, wenn ihr ein wenig von dieser Erde, auf ein sehr heiß Blech werdet legen, und sie keinen Rauch von sich gibt, dieses wird die Versicherung geben, daß die Erden will untersuchet sein, die ihr in einer gläsern Schale oder Kugel alle beide mit einander in *Digestion* in der Aschen bewahren sollet. Alsdann werden sie geschickt sein, ihren Mercurium zu empfahen, allermaßen wir in dem Kapitel L. lehren werden, hernach nehmet die zween Säfte, setzet sie zusammen in einem Kolben, und lasset sie mit einander einmal übergehen durch die Asche, und so ein wenig Schleimigkeit oder Erde dahinten bleiben sollte, muß man solche zu der oben bewahrten Erden setzen, und also sechsmal tun: Und wenn man alle ihre Schleimigkeiten abgezogen, die bei der Erden bleiben werden, so tut sie alle zu der andern, wie oben. Hernach nehmet ein groß Gefäß oder auch eines von unsern gläsern Geschirren, welches stark und zum wenigsten zwoer Hände breit hoch sei, darein tut euer zusammen gesetztes *Menstruum*, und vermacht es wohl, und sein Loch auch mit einem gläsernen Stöpsel, hernach mit Eierweiß, groben Lösch-Papier, und lebendigen Kalk, beschlaget es damit, und lasset es treugen, und bestreichet es hernach noch einmal über mit unserm Wachs, so von gleich viel Pech und Mastix gemacht ist, und lasset es in dem Philosophischen Bade *circulieren*, welches wir euch gewiesen haben, da wir die *Circulation* des einfachen *Menstrui* machten, als wir zu Venedig waren, und lasset es vierzig Tage *circulieren*, und wann es fast übergegangen sein wird, werdet ihr sehen, daß dieses *Menstruum* oder *Mercurius* hellglänzend und wohlriechend sein wird, mehr als kein ander Ding auf der Welt. Dieses mein Sohn, hat die Macht, die zwei Lichter aufzulösen, und sie von der *Potentia in Actum* zu bringen. Wisset mein Sohn. daß von ihm allein mit einem rot und weißen *Ferment* ihr durch ihre *Criculation* Zweige von großer *Projection* machen könnet. Dieses ist es, davon *Raymundus Lullius* handelt in seiner Verkürzungs-Epistel, wenn er saget, daß nach geschehener Dissolution des Goldes, und wenn das Wasser hernach durchs *Balneum* bei gar gelindem Feuer übergezogen ist, daß dieses Gold geistig gemacht worden, daß sich nimmermehr wieder in ein Corpus wird bringen lassen, und so ihr in dasselbige hundert Teil des gemeinen Mercurii tun werdet, so wird er sich in Gold und Silber *coagulieren*, nach Beschaffenheit seines *Ferments*. Weiter so dieses obengemeldtes Gold mit einem bequemen Wasser vermischet, und einem Kranken gegeben wird, in was für Krankheit es auch sein mag, so wird er in kurzer Zeit wieder zu voriger Gesundheit gelangen. Wisset mein Sohn, daß dieses dasjenige sei, was die grauen Haare ausfallen machet, es mag einer so alt sein als er will, und gibt ihm seine erste Jugend wieder, und erhält ihn hingegen in guter Gesundheit bis auf die ihm, von Gott bestimmte Zeit. Aber auf die *Transmutation* oder Verwandlung (der Metallen) zu kommen (denn es ist der Gesundheit genug, daß das Gold mit diesem *Menstruo solvieret* werde) so muß man zu einem jeden Pfund zwo Unzen des Mercurii darein tun, wie wir in dem Kapitel, so durch X angedeutet wird, lehren werden; wisset, daß mit ihm gemacht werde die *Putrefaction*. Seid aber erinnert, daß danach, nachdem es *calcinieret* worden, man davon nicht zu dem menschlichen Leib gebrauchen müsse, sondern allein zu der Verwandelung der Metallen, wie ihr in dem nachfolgenden Kapitel sehen werdet. Glaubet, daß ich euch alles gelehret habe, was in des *Raymundi Lullii* Buche begriffen ist. Und mit dieser *Practica*, die ich euch weise, ist unmöglich zu fehlen. Derhalben bitte ich euch, daß ihr allezeit den ewigen Gott für Augen haben wollet.

Das 8. Kapitel
Die Calcination der zweien Lichter
und aller andern Metallen
H.

Mein Sohn, wir halten dafür, daß die *Calcination* oder viel mehr die *Discotinuation* der Metallen sehr notwendig sei; sonsten würde ihre *Dissolution* sehr verdießlich zu tun sein, und derhalben diesem vorzukommen, so nehmet gemeinen Mercurium, und waschet ihn wohl mit Salz und Essig, alsdann tut ihn in einen Schmelz-Tiegel, und machet ein *Amalgama* mit Golde, nämlich ein Teil Gold und sechs Teil Mercurii, dergleichen tut auch mit dem *Lunarischen* Körper, jedoch ist es gar gewiß, daß der *Lunarische* Körper, mehr Salz haben muß, ihn zu *reducieren*, als man dessen zu dem *Solarischen* haben muß, wann es nun wohl *amalgamieret* ist, wie ein Stücke Butter, dergestalt, daß wann ihr solches auf die Hand leget, ihr nichts mehr ganzes daran spüret, so tut es alsdann in ein leinen Tuch oder auch in ein weich Leder, und drucket es so sehr durch als ihr immer könnet. Danach doppelt so viel gemein zubereitet Salz, und reibet sie miteinander, hernach tut sie in eine Retorte, so ihr euren Mercurium behalten wollet, wo nicht, so tut sie in ein weit irdin Gefäß, daß mit ihm *proportionabel*, und er allenthalben sich darin ausbreiten könne, und alsdann setzet es ins Feuer, und gebt ihm nach und nach allgemach dessen so viel, daß der Mercurius verrauche, nach diesem müsset ihr euren Kalk waschen mit zwei mal distillierten gemeinem Wasser, und das so oft wiederholen, bis alles Salz *solvieret* sei, davon letztlich euer Gold euch rot und ganz unbegreiflich bleiben wird, alsdann nehmet von dem *vegetabilischen* Wasser, da sein Tod nicht dabei ist, und gießet dessen so viel darauf, daß es vier Finger hoch darüber gehe, hernach gebt ihm Feuer, also tut vier mal, so wird euch euer Gold und Silber vollkommen *calcinieret* bleiben: wisset, daß diese Art der *Calcination* vor allen sehr vortrefflich ist, indem sie nützlich ist, beides zu dem menschlichen Leibe, und auch zu der Verwandelung der Metallen.

Das Kupfer wird *calcinieret* mit gemeinen zubereiteten Salz, in dem man damit *stratum super stratum* machet, und es drei Tage in ein *Reverberir*-Feuer setzet, hernach mit warmen Wasser waschet und absüßet, wie oben gemeldet worden.

Mars wird *calcinieret* mit Schwefel und Essig, welches durch das S. angedeutet wird.

Das Zinn wird mit zubereiteten Salz *calcinieret* und wird angezeichnet durch V.

Blei wie Zinn, und ist angedeutet durch T.

Sehet, das ist die Lehre von der *Calcination*, *Assation* oder *Sublimation* zu der Dissolution, mit Erhaltung der Grund-Feuchtigkeit.

Das 9. Kapitel
Die natürliche Dissolution, oder Fermentation
die wir machen in unserm zusammen gesetzten Menstruo
I.

Die *Dissolution* der Metallen ist nötig zu dem ersten Teil des Magisterii, derhalben nehmet die Calces des Goldes oder Silbers hernach, wenn ihr habet so viel des *sublimierten Mercurii vegetabilis*, wie wir in dem Kapitel L. sagen werden, und daß gedachter (Mercurius) *vegetabilis* in ein Wasser gebracht worden mit E. nämlich dem einfachen *vegetabilischen* Himmel, als wir in dem vorhergehenden Kapitel davon gesagt haben, und wenn er in ein Wasser gebracht, so nehmet die oberwähnten *Calces*, und tränket sie damit in einem gläsern Geschirr, bis solches zween Finger hoch darüber gehe, hernach setzet es, wenn der Deckel wohl versiegelt, in Aschen Feuer zwölf Stunden lang in gelinde Wärme, hernach nehmet den Deckel ab, setzet einen Helm auf, und ziehet durch das *Balneum* alle seine Feuchtigkeit ab, so viel ihr davon abziehen könnet, folgends, wenn die Materie ausgetrocknet sein wird, so nehmet sie aus dem Gefäß, und reibet sie wohl in einem gläsernen Mörsel mit Wasser oder vielmehr dem obgemeldten Schwefel-Öl, und *imbibieret* noch einmal euren Helm, wie oben, *digerieret*, *distillieret* und reibet ihn klein, bis er drei Teil von der obgemeldten *vegetabilischen* Schwefelichten Substanz bekommen hat. Merket aber noch, daß das obgemeldte Öl gemacht werden kann, mit der zubereiteten *vegetabilischen* Erde, das ist, wenn ihre Öle geschieden davon worden, und diese Erden weiß wie der Schnee bleiben wird, wie euch in dem Kapitel, so durch das E. angedeutet wird, gelehret haben, das ist, in dem das Werk gemacht wird, wie es erkläret worden. Lasset uns nun wieder zu unserm Werk kommen, alsbald wenn ihr die drei Teil der Schwefelichten Substanz, als gesagt worden, erlanget habt, so gießet auf die Materie so viel des zusammen gesetzten *Menstrui*, das durch H. angedeutet ist, daß es drei Finger hoch darüber gehe, setzet alsdann den Deckel auf, und verstopfet die Fugen wohl, und setzet es in ein gelinde siedend *Balneum* zween natürliche Tage lang, und danach noch zween andere Tage in das Aschen-Feuer, so werdet ihr sehen, daß alles oder der meiste Teil sich *solvieren* wird in dem obgemeldten Körper oder auch in dem zusammengesetzten Werke. Hernach, wann ihr es abgegossen, so scheidet es gar künstlich und mit Verstand, damit die Feces sich nicht trüben, in ein sauber Gefäß, das wohl verstopft werden kann, und verwahret es in *Balneo* wohl vermacht, das übrige von dem Körper, der euch nicht wohl solviert zurücke blieben ist, trocknet in einem Gefäß in gelinder Wärme, wie der Sonnen-Wärme ist, hernach tut alle obgemeldte Arbeiten, bis daß er völlig solvieret worden. Daß ihr nämlich das *Menstruum* so lange darauf tut, bis es keine Farbe mehr an sich nehme, und eine unnütze Erde zurücke bleibet, welches diejenige ist, so die Schale gebunden hält, oder vielmehr kleine Häutlein, die die *vegetabilische* Kraft, in den zweien Lichtern eingeschlossen halten. Wenn dieses geschehen, so setzet die *Composition* oder den aufgelösten Körper in *Putrefaction*, wie ihr in seinem folgenden Kapitel, durch K. angedeutet sehen werdet. Und damit ihr nicht fehlen könnet, wenn ihr die gemeldte *Dissolution* gemacht habet, und zu der *Medicin* auf die menschlichen Leiber kommen wollet, so ist nicht nötig den *Mercurium* dazu zu tun, wie wir gesaget haben; wann ihr aber zu der

Transmutation fort schreiten wollet, so ist er dazu nötig, wenn ihr das Solarische Compositum werdet aufgelöset haben. So dieses geschehen, so lasset es 20 Tage in dem *Balneum* circulieren und 20 Tage in der Aschen, und diese gemeldte *Circulation* soll geschehen in einem solchem Gefäß, als wir hiebevor gesagt haben, das ist, in einer Schale oder vielmehr in einem Kolben, und wenn es die vierzig Tag wird *circulieret* sein, zeiget es eben wie das erste Wasser seine Farben in der Farbe seines *Ferments*, wenn es zu diesem Punkt kommen wird, so zeiget sich nichts mehr als die Weiße, und wird an dem Grunde ein rotes Gummi bleiben, wie ein feiner Rubin, und das *instrumentalische* Wasser, welches auf dem Gummi blieben ist, wird weiß sein, daß ihr vorsichtig herab gießen sollet, und hernach das gedachte Gummi ins *Balneum* setzen, das ist, wenn es noch in eben dem Gefäß ist, und das *Balneum* soll ein wenig siedend sein, so wird es sich innerhalb vier oder fünf Tagen auflösen zu einem hoch-roten Öl, hernach setzet es zween Tage in Asche, so wird es sich wieder in eben das Gummi *coagulieren* wie zuvor. Also tut drei mal mit *solvieren* und *coagulieren*, so werdet ihr durch dieses Mittel unsere *Medicin* oder großes *Compositum* größer gemacht haben, zu heilen alle leibliche Krankheiten, sie mögen so verdorben sein, wie sie wollen, als Aufsatz und andere Krankheiten: und dieses ist das wahre *aurum potabile* von welchem *Raymundus Lullius* an vielen Orden geredet hat, es hat die Eigenschaft die Grund-Feuchtigkeit zu erhalten, vor der Fäulung zu bewahren, und lässet den Menschen nicht grau werden. Dieses Gold solvieret sich in Wasser oder Suppen, damit einzutrinken, es ist aber das sicherste, daß ihr es in unserem *vegetabilischen* Wasser auflöset. Wenn ihr aber zu der *Transmutation* fort gehen wollet, oder vielmehr zu dem Zweige, so muß das *Menstruum calcinieret* werden, und müssen obgemeldte Arbeiten geschehen, nämlich mit *fermentieren* und *circulieren*, wie oben, und wenn es zu einem Öl worden, sollet ihr es mit Verstand abgießen, in ein rundes Gefäß mit einem langen Halse; hernach sollet ihr *Projection* tun auf sothane Weise, nämlich ein Teil von diesem Öl und hundert Teil Mercurii, der mit Essig gewaschen, und tut ihn in obgedachtes Gefäß, und verstopfet es wohl. Hernach setztet es in Aschen-Feuer zwanzig Tage lang, nach diesem muß man es fein machen durch eine starke Asche (oder Test.) ein jedes Pfund des obgemeldten *coagulierten*

Metalls muß ein Pfund Blei haben, und also werdet ihr Gold oder Silber haben, nachdem euer *Ferment* wird gewesen sein.

Das 10. Kapitel
Die Putrefaction der beiden in dem großen Menstruo
aufgelösten Lichter, ein jedes für sich,
welches wir durch K. andeuten

Nehmet ein Gefäß, das lang und enge sei, nach der Vielheit des aufgelösten Metalls, und tut unsere *Dissolution* darein; hernach versiegelt es mit dem Siegel des *Hermes*, alsdann habt bei der Hand ein groß küpfern Gefäß mit einem Deckel, und das in der Mitten ein durchlöchert Brett, und an einer Seiten eine Röhre habe, Wasser hinein zu gießen, diese Röhre soll auf dem gemeldten Brette stehen, und auf dieses Brett setzet und stellet das gedachte Gefäß, fein aufrecht, daß es nicht auf eine Seite hange, alsdann bedeckt es mit seinem Deckel, und gebt ihm eine mäßige Wärme, bis die Materie auf und absteige vierzig natürliche Tage lang, so werdet ihr am Ende derselben euer zusammen gesetztes Gold finden an der Farbe wie ein Rubin, mit etwas, so sich auf die Schwärze ziehet. Bisweilen bleibt es etwas dunkel, diese Veränderung kommt von dem Silber her, nach dem solches gereiniget oder nicht gereiniget worden. Also werdet ihr in eurem Geist erkennen die Notwendigkeit dieser *Putrefaction*.

Das 11. Kapitel
Die Lebendigmachung und Sublimation unsers vegetabilischen Mercurii, die Examination der zwei Lichter,
und die Art und Weise zu sublimieren. Die Arbeit des animalischen Weges, worin all unser Grund beruhet. Weiter wollen wir reden von der Art und Weise, wodurch die zwei Lichter eher in ihre erste Materie gebracht werden, und also auch alle andere unvollkommene Metallen, wie auch der gemeine Mercurius, nach unserer Erfahrung allermaßen ihr sehen werdet in dem Kapitel des X
L.

Nehmet diese *putrificierte* Zusammensetzung des Goldes und Silbers, durch die Art und Weise, die wir in dem Kapitel des K. gelehret haben, und setzet sie zu distillieren ins *Balneum*, und vermacht die Fugen des Gefäßes wohl, und fahret also mit eurer *Distillation* fort, bis euere Materie des einen und des andern Zusammengesetzten wie ein Öl dahinten bleibe. Alsdann nehmet den Helm ab, und gießet auf die Materie so viel ihres Wassers, daß es zween Finger hoch darüber gehe, verstopfet es mit seinem Deckel, und hernach mit seinem Helm und Vorlage, und lasset es in gelinder Aschen distillieren, und wann es nicht mehr in diesem Grad der Wärme distillieret, so vermehret das Feuer, so wird die Luft in seinem Wasser übergehen, alsdann lasset das Gefäß wieder kalt werden, und verwahret das, was in der Vorlage ist, wohl verstopft, und setzet es beiseit, danach gießet neu Wasser auf die Feces, die an dem Boden bleiben, und nicht in der *Distillation* übergangen sind, so werden sie sich geschwind *solvieren*, Verstopfet es also fort mit dem Deckel, wie oben, nämlich daß es zwölf Stunden in dem *Balneo* sei, hernach vermachet die Fugen wohl und distillieret und verwahret die *Distillation* mit dem andern animierten Wasser, und also sollet ihr dieses *Magisterium* wieder anfangen bis in das fünfzehente Mal, bis so lange die Erde keinen Rauch mehr von sich gibt, ob sie schon das siebente Mal dessen nichts von sich gibt, so tun wir doch dieses so vielmal die Erde subtiler zu machen, zu dem Ende, damit dasselbe sich wohl mit seiner Seele vereinigen und mit derselben sich *sublimieren* möge. Und seid erinnert, daß durch so ofte Wiederanfahung dieses Magisterii es geschehen könne, daß das Wasser nicht genug wäre, derohalben nehmet alle *Distillationes* so durch die Aschen geschehen, und distillieret sie durch das *Balneum*, und nehmet zwei Dritteil davon, mit welchen ihr arbeiten sollet in der obgemeldten *Inhumation* oder Anfeuchtung, wann auch das Wasser mangeln möchte; also werdet ihr unsere Sonne und unsern Mond zu der wahren Finsternis gebracht haben, hernach nehmet die obgemeldte Erde, und einen Teil derselbigen, sie sei gelbe oder weiß, eine jedwede absonderlich, wohl *verlutiert* und verstopfet, setzet sie in das *Reverberir*-Feuer, jedoch daß das Glas nicht schmelze, und lasset es darinnen vier Tage lang, wenn dieselben vorbei, so lasset das Gefäß wieder kalt werden, so werdet ihr darinnen euere Erde zubereitet finden, ihren *Mercurium* zu empfahen; seid aber erinnert, daß die Erde des *Vegetabilischen* wird weiß sein, die Erde der Sonnen schwarz, und die Erde des Mondes Castanien braun, sich nach der Schwärze ziehend. Wann ihr nun diese Erden heraus genommen, so müsset ihr sie stoßen und reiben in einem gläsern Mörsel, eine jedwede absonderlich, und sie zu einem unbegreiflichen Pulver machen; dieselben sollet ihr bewahren in einem gläsern Gefäß auf warmer Aschen, eine jede für sich, bis ihr euere Seele *rectificieret* habt. Nehmet das mit der *Luna* zusammen gesetzte, und *rectificieret* es durch siebenmalige *Distillation* in gelinder Aschen, und alle seine Schleimigkeiten in der Erde; die es zurück lassen wird tut zu seiner *calcinierten* Erde, Gleicherweise rectificieret das zusammen gesetzte Wasser der Sonnen, ob schon dessen *Rectification* mit der *Luna* ihren unterschiedlich ist, derohalben nehmet dieses Wasser, in welchem seine Seele sei, und was alsdann auf dem Boden bleiben wird, das wird Feuer sein, welches ihr bewahren sollet. Also sollet ihr es siebenmal *rectificieren*, und allezeit die Schleimigkeit wieder zu dem Feuer tun, welches ihr sollet bewahren, und also werdet ihr die *Rectification* des Wassers vollbracht haben, Nehmet hernach das Feuer, das euch an dem Boden verblieben ist, und wie ein Safran sein wird, welches ihr *calcinieren* sollet, wie ihr mit der Erden getan habt, nämlich, daß ihr von seinem Wasser darauf tut, daß es zween Finger hoch darüber gehe, und dasselbe mit seinem Deckel wohl vermachet, und es hernach zwölf Stunden in das *Balneum* setzet, und endlich durch die Aschen distillieret, und wenn ihr also siebenmal getan, so werdet ihr euer Feuer *calcinieret* und subtil gemacht haben, welches denn geschickt sein wird, seinen Schwefel rot zu machen.

Nun wollen wir wieder zu unserer zubereiteten und aufgehobenen Erde kommen; Nehmet die Erde, wie oben, einen, oder beide Teil, und merket das Gewicht, und tränket sie mit dem zehenten Teil dessen, damit die *Luna rectificieret* worden, vermacht es mit seinem Deckel, und setzet es ins *Balneum*, nämlich daß das Gefäß das Wasser nicht berühre fast auf zween Finger weit, und lasset es also allda, bis ihr sehet, daß sich das Wasser aus seiner vielgeliebten Erde *coaguliere*, hernach nehmet den Deckel ab, und setzet ihm seinen Helm auf, und lasset seine Feuchtigkeit durch gelinde Aschen abrauchen, nämlich, wie die Sonnen-Wärme ist, hernach tränket sie wiederum mit dem zehenten Teil, vermacht es mit dem Deckel, und setzet es in *Digestion*, und wenn ihr sehet das Wasser sich *coagulieren*, wie oben, so nehmet den Deckel ab, und setzet ihm seinen Helm auf, und ziehet seine Feuchtigkeit davon und gebt ihm zum dritten Mal seinen zehenten Teil, und tut wie zuvor, und zum vierten Mal sollet ihr ihm den siebenten Teil geben, und wie oben damit verfahren. Alsdann wird der blühende Baum anfangen zu erscheinen, nämlich durch die vierte Eintränkung, wird euere Erde schwarz erscheinen, und also werden alle Farben die man ihm einbilden kann, zu sehen sein, und zuletzt werdet ihr sehen, daß es in der bleich weißen Farbe wird stillestehen, und also sollet ihr euer *Magisterium* wieder anfangen, wie oben, daß ihr ihm gebt den achten, den siebenten, den 6sten, den fünften Teil, und da haltet auf, und fanget diese Arbeit so oft wieder an, bis es endlich alles Wasser von der *Luna* wird eingetrunken haben, alsdenn wird der Sperber seine Flügel bekommen und bereit sein zu fliegen, das ist zu *sublimieren*. Dann nehmet ein wenig davon auf ein sehr heißes Blech, und sehet ob der größeste Teil desselben im Rauche hinweg gehen wird, dieses wird das gewisse Zeichen sein, daß unser Vogel fertig wird sein zum fliegen; hernach nehmet es aus dem Gefäß heraus, und reibet es in einem gläsernen Mörsel mit einem dergleichen Stempel, danach tut es in ein gläsern Gefäß, das einen langen Hals habe, und einen engen Eingang, und welches lang sei und ausgestreckt, wie ein Arm, vermachet es, und setzet es in Aschen, daß drei Teil der Phiole allein bedecket sind, und gebt ihm ein gelind Feuer drei Stunden, und die drei folgenden Stunden, etwas stärker, und fahet also fort drei Tage. Alsdann wird unser Kind geboren sein, das die Materie oder das geblätterte *Ferment* genennet wird, und mit vielen andern Namen mehr. Seid aber gewarnet, daß in dem obgemeldten Gefäß nötig ist, daß der Helm hinein gehen muß, bis in den Hals der Phiole, es muß wohl verstopfet werden mit Baumwolle, damit die Ampel nicht in den Helm fliege, sondern an dem Boden des Gefäßes bleibe, und was aber in die Mitten des gedachten Gefäßes steigen wird, wird sein wie ein geblättert Talk, und also werdet ihr so viel Zeichen haben, vermög welcher euch unmöglich sein wird zu irren, ich bin gar gewiß, daß ihr nicht unwissend seid, daß man die *Solution* zu machen den *vegetabilischen* und *animalischen* Schwefel haben müsse. Nehmet die zubereitete *vegetabilische* Erde, wie wir solches euch erkläret haben in dem Kapitel F. und tränket dieselbe ein mit ihrem *animierten* Geiste, einen achten Teil, vermachet sie mit ihrem Deckel, und setzet sie ins *Balneum*, wie wie euch gelehret haben von den *Mineralien*, und lasset sie acht Tage darinnen stehen, alsdann nehmet den Deckel ab, und tut den Helm darauf, und setztet es in gelinde Wärme, wie die Sonnen-Hitze, und lasset seine Feuchtigkeit davon gehen, die ohn allen Geschmack sein wird, wie ein warm Wasser, und tränket es wieder ein mit dem siebenten Teil, setzet es ins *Balneum*, hernach distillieret es durch die Asche, alsdann tränket es ein noch mit dem sechsten Teil, *digerieret* und distillieret es, wie oben, hernach tränket es mit dem fünften und vierten Teil, und tut damit wie oben. Aber in diesem vierten Teil sollst du aufhalten, und es *imbibieren*, bis es zwei Teil desselben getrunken hat, welches ihr hernach aus dem Gefäße heraus nehmen sollet, und nachdem ihr es gerieben, davon ein wenig auf ein heiß Blech tun, so wird der größte Teil im Rauch hinweg gehen, alsdann werdet ihr ein gewiß Zeichen haben, daß die Erde geschickt sei. Derohalben sollet ihr davon in ein dazu dienlich Distillier-Gefäß tun, wie wir euch droben gesagt haben, in dem Kapitel von Mineralien, und haltet eben dieselbige Regierung des Feuers, so wird sich der Weisen und unser *Sal armoniac aufsublimieren*; dieser ist es, der dir den Anfang geben wird, die zwei Lichter wachsend zu machen; wisset gewiß, daß ohne diesem *vegetabilischen* und *animierten* (Salz) nichts gemacht werde in dieser Meisterschaft. Lasset alle die Unwissenden fahren, welche sich unternehmen mit ihren gemeinen *amalgamieren* die zwei Lichter in ihre Materie zu bringen; wir geben zwar nichts destoweniger gern zu, daß der gemeine Mercurius der Vater aller Metallen ist; aber wenn er nicht in die erste Materie gebracht worden, vermöge des *vegetabilischen* oder *animalischen* (Wesens) und daß aus ihm nicht diese mittelste Substanz ausgezogen werde, davon ich vielmal gegen euch gedacht, so ist er unnützlich, wenn er aber zubereitet ist, so ist er dienlich alle Gestalt oder Form zu empfangen, das ist das *Ferment* des Goldes und des Silbers, mit allen seinen Arbeiten. Aber hütet euch, daß ihr nicht betrogen werdet, wenn ihr ihm ein *Ferment* gebet; denn das *Ferment* muß vorher *calcinieret* und aufgelöset sein, mit diesem größern *Mercurio*, wie wir euch hiebevor gesaget haben, danach *imbibieren* ihn mit der hälften himmlischen Substanz bei strengen Feuer und wenn ihr sehen werdet, daß er daselbst wieder stehen wird, so gebet ihm Holz-Feuer acht Tage lang, und alsdann sollet ihr sehen, ob er wie Wachs ohne Rauch fließe. Dieser ist es, davon *Arnoldus de Villa nova* in seinem *Rosario* geredet hat; und wird nicht gelästert, wie etliche grobe *Ignoranten* und hirnlose Leute tun, wenn sie sagen, daß in einem Gefäß, und in einem Ofen dieses *Magisteruim*, könne gemacht und zu Ende gebracht werden, und daß der gemeine *Mercurius* mit seinem *Ferment*, nämlich Gold und Silber, oder eines oder das andere sich selber *sublimiere* und sich selber ziehe oder lebendig mache. Und in Ansehung dessen glauben etliche Philosophi, daß *Sol, Luna* und *Mercurius* genug sein, eine gute Massa zu machen, aber diese viehische Ungeschickte verstehen nicht die Rede der Philosophen, wie wir euch zum öftern gesagt haben; daß derjenige, der dieses *menstrualischen* Teils beraubet ist, sich nicht rühmen noch hochschätzen solle; und wieder auf ihre Rede zu kommen, mein allerliebster Sohn, so ist es wahr, daß wenn sie sagen, daß *Sol, Luna* und *Mercurius* genug sein die gute Massa zu machen, das ist alsdann daselbst, wann die obgedachten Körper in ihre erste Materie wieder gebracht worden, vermittelst des *vegetabilischen* und *animalischen* (Wesens) er verstehet aber, daß in einem Gefäß allein unser ganzes Magisterium angefangen und vollbracht wird, und weiter, nachdem es in die erste Materie gebracht ist, so kann man damit machen und arbeiten, auf vielerlei Weise, und wir wollen euch zeigen die Arbeit wie die *Medicin* zu machen oder zusammen zu setzen. Nun mein Sohn, ich will euch erklären das Geheimnis aller Geheimnisse, welches keiner von den heutigen Philosophis, noch von den alten in Schriften verfassen und an das Licht bringen wollen, und allezeit in ihren Worten gesagt haben, daß unser Stein aus der kleinen Welt gezogen werde, daß unser Stein sich in gesalzten Wasser verkehre, und daß er die beste Arzenei sei. Nun bitte ich euch mein Sohn, daß ihr betrachten wollet die Liebe, die ich zu euch trage, indem ich meine Seele in höchste Gefahr setze! Sintemal wir die Arbeit am ersten unter allen Büchern öffentlich fürstellen wollen. Wisset, daß allhier gewiß das Haupt oder fürnehmste Stück sei aller unserer und der alten und der neuen Weisen Bücher, ob schon unser Vater *Raymund* seine *Lunariam* sehr hoch erhaben, und merket, daß ob er sich schon derselben bedienet zu der Gesundheit des menschlichen Leibes, doch auch damit die wahre und gewisse Verwandelung der Metallen geschehe, diese aber geschieht bequemlich mit derjenigen, die ich euch will offenbaren. Und daß solches wahr sei, so hat unser Führer *Raymund*, diese Materie offenbaret in dem Buch, das er nennet das Buch der verborgenen Geheimnisse, in welchem dieser Lehrer die Materie erkläret, und die Arbeit ganz in dem Buch, dessen Titul ist *Vade mecum* verfasset, und in unzählichen Büchern, die nicht jedermann bekannt sind, nun dann auf das Geheimnis aller Geheimnis zu kommen, so nehmet Knaben-Urin von 8, 10 oder 12 Jahren, welcher Wein trinke, und ein ordentlich Leben führe, der gesund und frischer Natur sei, denselben sammlet in einem gläsern Gefäß, und verwahret ihn daß kein Staub darein falle, nehmet dessen eine ziemliche große Menge, tut ihn in unterschiedlich viel gläsern Gefäße, daß zwei Dritteil derselben nur voll sind, damit desto besser *circulieren* könne, hernach tut in ein jedewedes Gefäß einen halben Becher unsers C. wie wir gelehret haben in dem Kapitel des gemeldten C. nämlich, daß es ohne Tod sei, hernach verstopfet das Gefäß wohl mit gummierten Wachs, und setzet es 15 Tage lang in *Putrefaction*, so werdet ihr am Ende derselben finden die schwarze Materie, wie ein roter Wein, von seiner Unreinigkeit geschieden, und wisset, daß je schwärzer sie in der *Putrefaction* gehalten wird, je schwärzer wird sie auch; wisset auch, daß man den Mist von fünf Tagen zu fünf Tagen verändern müsse, alsdann tut es in ein Gefäß, das ist unser *Urinal*, beschrieben in dem *vegetabilischen* (Werk) mit seinem Helm und *Recipienten*, dessen Fugen wohl zu vermachen sind, lasset es distillieren, bis zu dem Zeichen, so wir in dem Kapitel B. beschrieben haben; wir wollen euch aber noch ein weit größer Zeichen geben, distillieret zwei Teil davon, alsdenn nehmet die Vorlage hinweg, und fahret mit eurer *Distillation* bis es am Boden des Gefäßes komme in Gestalt eines Honigs oder vielmehr wie ein geschmolzen Pech; hernach nehmet die zwei Teile, die ihr bewahret habt, und distillieret sie abermals durch dasselbige *Balneum*; nehmet von vier Teilen drei Teil, und tut das übrige hinweg, und distillieret wiederum, und nehmet zum dritten Mal von vier Teil drei, und distillieret abermal diese drei andere Teile, denn was übrig blieben, sollt ihr wegwerfen, und wiederum zum vierten Mal distillieren, und von vier Teilen zwei Teil nehmen zum dritten Mal, und von vier Teilen, nehmet deren drei davon und distilllieret diese drei Teil absonderlich zwei mal; Und also werdet ihr euer Feuer *rectificieret* haben, mit welchem wir ausziehen werden den allerschärfsten Essig von seiner sehr geliebten Erde: hernach nehmet die Erde, die in Gestalt eines dicken Honigs oder geflossenen Pechs blieben ist, darüber gießet so viel von der Blume, daß sie drei Finger hoch darüber gehe, bedecket sie mit seinem Deckel, vermacht die Fugen wohl mit vergummeten Wachs, und setzet es drei natürliche Tage lang in *Putrefaction*, gebet aber Achtung darauf, daß alsbald, wann das Gefäß wohl vermacht ist, es stille und ruhig bleibe, damit das Salz und der Essig sich auflöse, hernach nehmet den Deckel ab, und setzet den Helm auf, nebenst seiner Vorlage; sehet aber wohl zu, daß, wenn ihr den Deckel weg nehmet, der Essig mit seiner Schärfe euch nicht in die Augen schlage, lasset es in gelinder Aschen distillieren, und wenn ihr durch diese Wärme sein Wasser abgezogen, so vermehret das Feuer mit Gewalt des Holzes, damit sein Öl und seine Seele zugleich übergehen, mit seinem distillierten Wasser, davon sich ein Teil *sublimieren*, und ein Teil als ein Pulver auf der Erden bleiben wird. Hernach lasset das gedachte Gefäß kalt werden, und tut wieder hinein was sich *sublimieret* hat, welches ihr in sein Wasser tun sollet, und nachdem ihr das Gefäß wohl verstopfet, sintemal dieses die *animierte* Blume ist, so nehmet hernach die Erde, die euch am Boden trocken zurücke blieben, reibet sie wohl auf dem Stein, hernach tut sie wieder in ihr Gefäß, gießet darauf so viel von ihrer Blume, daß sie zween oder drei Finger hoch darüber gehe, verstopfet es wohl mit seinem Deckel, und setzet es drei natürliche Tage in *Putrefaction*, hernach distillieret und vermehret ihm das Feuer, wie oben, mit Holze, und also fanget oft wieder von vornen dieses Magisterium an, bis daß die Erde wie eine klare Butter bleibe, die ihr mit Reverberier-Feuer calcinieren sollet, wie wir euch gelehret haben in dem Vegetabili und Minerali. Und durch dieses Mittel werdet ihr die animierte Erde zubereitet haben, welche so voller Kraft und Tugend ist, daß man es nicht genug aussprechen kann; und wir sagen euch, daß mit diesem Dinge allein und mit seinem *Ferment*, nämlich aufgelösten Gold oder Silber ihr euch reichlich helfen könnet. wie wir an Ende der Particularien lehren werden in ihrer Composition.

Nehmet obgesagte animierte Blume, und rectificieret sie dreimal und lasset alles übergehen, und werdet die Erde, so dahinten bleibet weg, hernach distillieret durch das *Balneum*, so werdet ihr die animierte Blume rectificieret haben: Nehmet hernach ein groß Gefäß eines Arms lang, tut die gemeldte rectificierte Blume hinein, vermachet es mit dem Alembic und setzet den Helm auf nebenst seiner Vorlage, es soll aber der Schnabel des Helms weit und kurz sein, danach gebet ihm gelinde Aschen-Feuer, so lange, bis alles oder der größte Teil sublimieret ist, oder daß es auch in seine Vorlage übergehe in Gestalt eines allerköstlichsten Salzes; So ihr mit diesem arbeiten wollet, so ist der Weg der Vermischung mit diesem genug, unser C. zu schärfen, und circulieret es hernach nach dem Kapitel DD. und alsdann tut alle Arbeiten, die wir euch gelehret haben in dem vorhergehenden Kapitel. Damit ihr gewiß seid, solches aufs geschwindeste zu machen; wenn ihr aber zu dem Sulphur der *animalischen* Natur kommen wollet, so ist es nötig, daß ihr alsbald die *Sublimation* tut, wenn ihr seine animierte Blume rectificieret habt, so *imbibieret* seine Erde nach der Ordnung, die wir euch gegeben haben, nämlich mit den achten, siebenten, sechsten, fünften und vierten Teil, hernach *sublimieret* und gebrauchet euch dieses andern, dessen ihr euch in dem *Vegetabili* bedienet, nämlich daß ihr eines von den beiden Lichtern oder auch alle beide *solvieret*; Wisset, mein Sohn, daß wir mit diesem in einem einigen Gefäß diesen Zweig gemacht haben, davon wir euch gesagt, und wir werden es niemals wiederholen in der *Composition* der Arzeneien; nun halte ich dafür, daß es unmöglich sei, wenn ihr die obgemeldten Arbeiten tut, zu irren, und es ist wahr, daß die Verwandelung mit dem *animali* kürzer ist, und von weniger Gefahr als das *Vegetabile*; aber vergesset nicht, daß so bald ihr die erste Blume werdet *rectificieret* haben, sollet ihr zwei Teil daraus machen, den einen die Seele oder den allerschärfsten Essig der von seiner Erden auszuziehen, wie oben gemeldet worden, den andern zu schärfen und zu machen sein allerköstlichstes *Menstruum*, und dasselbe zu *circulieren*, hernach zu *calcinieren*, zu *solvieren*, *putrificieren*, hernach den mercurialischen Teil von den Lichtern Gold oder Silber auszuziehen, und hernach das größere *Menstruum* zu machen, wie wir in dem Vegetabili gelehret, und wir in diesem Kapitel mehr davon gesagt haben als andere *Philosophi* nicht getan in ihren großen Büchern.

Den Schwefel der mineralischen Natur rot zu machen

TN. i. e. M.

Nehmet und sammlet die obgemeldte *Sublimation*, so wohl die, so in den Helm gestiegen, als die, so mitten in dem Gefäß geblieben, und wenn ihr auf das Weiße und Rote arbeiten wollet, so machet zwei Teil davon, und nehmet davon den einen und setzet ihn ein zu röten in ein Gefäß, daß wir euch gewiesen haben in der Bereitung des obgedachten Schwefels, und *imbibieret* es mit Gold-Wasser, in welchen das Element des Feuers substantialischer und wesentlicher Weise aufgelöset ist, hernach gießet auf den besagten Schwefel den vierten Teil, vermachet es mit seinem Deckel, und setzet es ins *Balneum* einen natürlichen Tag, hernach in die Aschen bei einer gelinden Wärme, wie der himmlischen Sonne Wärme ist, und lasset die kleine Feuchtigkeit abrauchen, welche ohne alle Farbe sein wird, und also sollet ihr euer Magisterium wieder anfangen mit dem vierten Teil, bis ihr sehet, daß unser Schwefel, rot sei wie ein feiner Rubin, und also werdet ihr eine weitläufige Lehre haben, den Schwefel zu machen in der Natur, und ihn rot zu machen, den ihr bewahren sollet in einem Gefäß mit einem langen Halse, hermetisch versiegelt, wie wir euch hiebevor gewiesen, in der Digestion der Asche, bis wir euch die *Composition* der Arzneien zeigen werden.

Das 12. Kapitel

Die Weise das Öl zu machen alle obgemeldte Schwefel,

so wohl vollkommene als unvollkommene zu incerieren, wie ihr sehen werdet in ihren Kapiteln, oder vielmehr in den Zusammensetzungen der Arzneien, so wohl zum weißen als zum roten.

M.

Nachdem in dem vorhergehenden Kapitel gelehret worden die Art und Weise die zwei Lichter Gold und Silber in ihre erste Materie zu bringen, ist übrig zu lehren, die obgedachten Schwefel zu *incerieren*; ich habe euch niemals gesagt, daß das Öl auf vielerlei Weise könne gemacht werden, und so es von der *Luna* gemacht worden, so wird es dienlich sein den Schwefel des T. und V. nämlich Blei und Zinn zu *incerieren*; und wenn es von Gold gemacht ist, wird es geschickt sein zu *incerieren* den Schwefel R. und S. nämlich *Veneris* und *Martis*, wie ihr sehen könnet bei der Zusammensetzung der Arzneien, oder der *Inceration*. Jetzo ist meine Meinung, daß ihr nehmet den Schwefel von eben dem, davon ihr das Öl machen wollet, und denselben auflöset mit sieben Teilen des größern *Menstrui*, und so viel des andern *vegetabilischen* oder *animalischen* Schwefels, der den erwähnten *mineralischen* Schwefel übertrifft, und denselben zu *circulieren* setzet in eines von unsern Gefäßen (nasses) wie vorher gemeldet worden, dreißig Tage, in Aschen, nach derer Verfließung werdet ihr an dem Boden des Gefäßes finden ein sehr weißes oder rotes Öl, nachdem der Schwefel sein wird, den ihr zu *solvieren* und zu *circulieren* eigesetzet habt; und wenn ihr dieses Zeichen sehen werdet, so nehmet es alsdann aus dem *Circulier*-Gefäß, und setzt es ein zu distillieren ins *Balneum* die kleine Feuchtigkeit, welche flüchtig sein wird, so wird am Boden des Gefäßes verbleiben unser hoch-weißes oder hoch-rotes Öl, nach dem der Schwefel sein wird, mit diesem, mein allerliebster Sohn, *incerieren* wir die große Arznei, welche, wenn sie mit diesem Öl *incerieret* worden, die Macht hat, alle Metallen und das gemeine gewaschene und nicht gewaschene Quecksilber zu verwandeln. Ihr könnet auch auf eine andere Weise das obgedachte Öl machen, und zwar eher und würdiger, ob es schon in der *Transmutation* so großes Ansehen nicht hat, nichts destoweniger ist es sehr leicht: lasset uns wieder zu unsern Zweck kommen, nehmet den Kalk von einigem Metall, welches ihr wollet, nämlich von den zweien Lichtern, mit demselbigen vereinbaret so viel von der mittlern Substanz, wie wir in dem Kapitel X. erklären werden; und reibt es in einem gläsernen Mörsel mit langer Reibung, hernach gießet darauf so viel von dem einfachen *Menstruo*, daß es drei Finger hoch darüber gehe, setzet es hernach in Digestion ins *Balneum* drei Tage lang, hernach setzet es drei andere Tage in das Feuer der *Alteration*, das ist, in Aschen, und was sich solvieret wird haben, das gießet mit Verstand in ein ander Gefäß, damit die *Feces* es nicht trübe machen, diese *Solution* müsset ihr in dem *Balneo* bewahren, und gießet auf die Feces, die nicht *solvieret* sind, neues *Menstruum*, wie oben, und das wiederholet so oft, bis alles, oder zum wenigsten der größte Teil sich *solvieret* habe, hernach setzet es in *Putrefaction*, und darauf distillieret in gelinder Aschen. Endlich vermehret das Feuer ein wenig, alsdann lasset das Gefäß kalt werden, und wann es kalt ist, nehmet den Helm ab, und das distillierte Wasser heraus, hernach sollet ihr auf seine Materie oder Leib, welcher in dem *Urinal* blieben ist, von seinem distillierten Wasser gießen, so viel bis es zween Finger darüber gehe, vermachet es mit seinem Deckel, und setzet es zween Tage ins *Balneum*, und was sich allda wird aufgelöst haben, gießet weißlich ab, und was sich nicht aufgelöset, das vollbringet auf der Aschen in gelindem Feuer, hernach gießet abermals von seinem distillierten Wasser darauf, vermachet es mit seinem Deckel, und setzet es ins *Balneum*, und tut das so oft, bis alles was sich auflösen will lassen, aufgelöset sei, oder zum wenigsten sein *Mercurialisches* Teil; aber damit ihr wohl berichtet seid in allen euren unbetrüglichen Zeichen, so wird dasselbe sein, wenn das Wasser keine Farbe von seiner Erde mehr an sich nimmt. Oder wenn sie gemeldte Erde wohl getrocknet und ein wenig davon auf ein heißes Blech getan wird, keinen Rauch gibt, alsdann werdet ihr gewiß sein, daß es seiner Seele, oder vielmehr seines *Mercurii* beraubet sei. Danach setzet es ein zu *circulieren* zwanzig Tage in Aschen in einem eurer Gefäße (nasses) wann die Zeit verflossen, ziehet das *menstrualische* Wasser durch das *Balneum*, von dem gedachten Öl, und so in dem gemeldten Wasser einige Farbe oder metallische Substanz blieben wäre, sollet ihr von selben Todte darauf gießen, so lange bis euch deuchtet, daß dessen genug sei, als sein *Menstruum* erfordert, danach distillieret es durchs *Balneum*, allda seine Substanz oder sein Menstrualischer Teil an dem Boden des Gefäßes bleiben wird, welches ihr zu dem was euch zuvor verblieben, tun sollet; und durch dieses Mittel werdet ihr die Art und Weise haben, das Öl zu erlangen, alle unvollkommene Metallen zu *incerieren*, welches ihr sehen werdet in der Zusammensetzung der Arzneien. Das dritte Öl ist dasjenige, welches gemacht wird in der Scheidung der Elementen, nämlich der zweien Lichter, welches ihr wollet, hernach setzet es in *Putrefaction*, acht Tage lang alsdann distillieret das Wasser durch das *Balneum*, und gießet über die Materie, welche euch verblieben ist in Gestalt eines Öls oder wie ein dicker Honig, so viel von seinem Wasser, daß es zween Finger darüber gehe, vermachet es mit seinem Deckel, tut es hernach in seinen Kolben, in gelinder Aschen zu distillieren, zu letzt vermehret das Feuer, und hernach lasset das Gefäß kalt werden, gießet wiederum frisch Wasser darauf, vermachet es mit seinem Deckel, hernach distillieret in gelinder Asche, und dieses sollet ihr so oft wieder anfangen, bis ihr seine Seele oder seinen allerköstlichsten *Mercurium* ganz ausgezogen habt. Das gewisse Zeichen wird sein, wenn ihr diese Erde auf ein glühend Blech tut, und sie nicht mehr rauchet, so bedeutet es, daß sie ihrer Seele beraubet sei. Hernach gießet auf die *Distillation*, so durch die Asche geschehen, zwei mal so viel von seinem Tod; alsdann *destillieret* durch das *Balneum*, so wird euch am Boden ein Liquor oder Öl von dem Königlichen Leichnam bleiben, den ihr mit so viel *vegetabilischem Mercurio* vereinbaren sollet, welches eben so viel ist, als wann er zu Wasser gemacht worden, wie ihr wisset, hernach fixieret ihn, und calcinieret ihn, wie wir euch hiebevor gesagt haben; und euch von allen Teilen dieses Wassers Nachricht zu geben, so muß allerhand Arten Öl das man über ihren Mercurium oder Schwefel gießen will, vorher fix sein, und weiter sollet ihr wissen, daß mehr Arten der Öle sind, euch in dem ersten Kapitel eröffnet worden ist.

Das 13. Kapitel
Die Teilung der Schwefel ingemein der mineralischen vegetabilischen und animalischen, ingleichen von der Fermentation der gemeldten Schwefel
N.

Nachdem ich euch berichtet und gegeben habe das Mittel, in dem vorhergehenden Capitel die Schwefel eines jeden *Individui* zu machen, nämlich den *vegetabilischen*, *animalischen* und *mineralischen*, so weiß ich, daß wann ihr dem folget, was ich euch hiebevor gelehret habe, euch unmöglich sein wird zu fehlen, und derowegen sollet ihr aus den Grenzen unserer Lehre nicht ausschreiten. Und ob wir schon dieses gegenwärtige Kapitel gesetzet haben, so wird euch doch die formale Erfahrung leichter sein, der Art und Weise zu folgen, die euch in dem Kapitel L. gegeben worden, als die Art die euch in diesem gegenwärtigen Kapitel gegeben wird, sintemal ich eure Ungeduld kenne, welcher halben ich euch oftmals gestrafet habe. Lasset uns wieder zum Zweck kommen; ihr müsset nehmen dieses *putrificierte Compositum*, welches euch am meisten gefället, und es hinzusetzen zu destillieren duch das *Balneum*; Und mit dieser Regierung (des Feuers) so lange anhalten, bis alles Wasser *destillieret* ist, und dieses wird genennet das Element des Wassers, welches ihr mit großen Fleiß wohl verstopfet bewahren sollet, und gleicher Weise fortfahren mit gemeldtem Werk, und davon abziehen das andere Element genannt des Feuers; auf die in dem Gefäß hinterbliebene Materie gießet so viel seines eigenen Wassers, daß es vier Finger hoch darüber gehe, vermachet es mit seinem Deckel, setzet es ins *Balneum* drei Tage lang, hernach setzet den Helm auf, und *destillieret* gelindiglich durch Aschen, und wenn ihr alle Feuchtigkeit ab*destillieret* habt von der obgemeldten Materie, und dieselbige wohl trocken worden, so lasset das Gefäß wohl wieder erkalten in dieser ersten *Distillation*, und wenn das geschehen, so gießet von seinem eigenen Wasser auf gemeldte Materie, daß es wie zuvor vier Finger hoch darüber gehe, hernach setzet es drei Tage lang in Digestion ins *Balneum*, dann destilliert es in gelinder Aschen, und wenn euch das *instrumentalische* Wasser mangelt, so nehmet die *Distillation*, so durch die Aschen geschehen, und *destillieret* sie durchs *Balneum*. Mit demselben sollet ihr arbeiten in euerm gedachten Werke, damit ihr es in der zehenten obgemeldten Revolution vollbringen möget. Und sehet wohl zu, daß die Luft auf dem Boden des Gefäßes verblieben sei, die ihr wohl verstopfet bewahren sollet, damit ihr die vollkommene und ganze Lehre dieses *Magisterii* haben möget, so wollen wir euch sagen, daß wenn alles Element des Wassers bei gelindem Feuer wird distillieret sein, ihr zu letzt das Feuer ein wenig mehr vermehret, damit die Luft oder das Teil, so davon distillieret worden, sich vereinige und in sein Wasser eingehe, hernach scheidet eines von dem andern, wie wir euch hiebevor gesagt haben. Nun ist übrig die Scheidung der Elementen vom Feuer, wisset, wenn ihr wollet die erwähnten Elemente scheiden, so müsset ihr alle *Imbibition*, *Inhumation* und *Distillation* auf die Materie tun, welche verblieben ist, die ihr zuvor gemacht habt mit Abziehung der Luft von derselben; es ist wahr, daß ihr durch die Distillierung so in der Aschen geschehen, habt das Feuer einen Grad mehr vermehren müssen, und wir geben euch weiter zu verstehen, daß so ihr in der zehnten *Revolution* das Element der Luft abgezogen, so müssen das Element des Feuers auszuziehen nicht weniger sein; und wenn ihr alle diese gemeldte *Revolutiones*, und Arbeiten vollbracht habt, so nehmet alle *Distillation*es durch die Aschen, und distillieret sie, so wird euch am Boden des Gefäßes bleiben das Element des Feuers, wie ein trocken Mehl, und gießet auf das gedachte Element des Feuers, das Element welches das erwähnte Element der Luft in sich begreifet alle beide zusammen, hernach tut es in ein Gefäß mit einem langen Hals, alles durch gelinde Aschen zu distillieren, und wenn ihr die Elemente in der obgemeldten *Distillation* werdet vereiniget sehen, so wird am Boden des Gefäßes es verbleiben wie ein dicker Honig, womit ihr fortfahren sollet zu distillieren bei einem gelinden Feuer bis ihr sehet, daß die Materie *coagulieret* habe: wisset, daß dieses unser Element des Feuers sei: alsdann höret von aller Distillierung auf und wisset, daß ihr in diesen zwo *Distillation*en haben werdet, das Element der zweiten Luft, welchen man den natürlichen Schatz nennet, in einem wahren Öl, die Arzneien zu *incerieren*; erinnert euch aber, daß man sich noch der ersten Luft gebrauchet, und damit arbeite zu den *Compositionen* der oberwähnten Medicinen; erinnert euch auch, wie dieses Öl oder zweite Luft viel Anteils habe an der leiblichen *Substanz*, derhalben, müsset ihr sie siebenmal durch den *Alembic rectificieren*, so wird sie durch dieses Mittel vollkommen sein, welches ihr wohl vermacht bewahren sollet. Und setzet die Erden, die euch in den *Rectificierungen* der beiden Lüfte blieben, zusammen mit dem Element des Feuers, sintemal sie Teil an demselben haben; hernach nehmet das Element des Wassers, und distillieret es aufs neue siebenmal, durchs *Balneum*, und tut die Erden, die euch in den gemeldeten *Distillationen* blieben sind, zu den Element der Erden. Hernach nehmet das Element des Feuers und *calcinieret* es, daß ihr nämlich über gedachte Feuer fünf Teil oder mehr von dem Element des *rectificierten* Wassers tut, und fanget dieses wieder an durch die *Distillation*, nach Art der *Infusion* 7 mal, und durch dieses Mittel werdet ihr die wahre *Calcination* das Element des Feuers haben, und könnet auch durch eben dieses Mittel das Element der Erden mit seinem *rectificierten* Wasser *calcinieren*: wisset mein Sohn, daß das Element dieser Erden und das Element des Feuers in gleicher Weise überein kommen: wollet ihr aber die wahren Zeichen wissen, wenn die Erde calcinieret sei, so könnet ihr solches haben durch das Kapitel L. Nun mein Sohn, ihr habet eine weitläufige Nachricht und Unterweisung der Scheidung und *Rectificierung* der Elementen, welche Art und Weise allgemein ist so wohl den Mineralien als den *Vegetabilien* und *Animalien*, u. noch, daß zu den *vegetabilischen* und *animalischen Individuis* nicht so stark verbunden noch vereiniget sind, als in den Körpern des Metallischen Werks, also daß wir euch eine weitläufige Nachricht und Unterweisung von dieser Scheidung der Elementen gegeben, und viel Geheimnisse offenbart haben, dergestalt, daß ich glaube, daß ihr unsere und alle der alten Philosophen Lehren wohl versteht, welche die Erkenntnis dieser Wissenschaft gehabt haben, der ihr auch, warum ich bitte, zu euer und der Armen Notdurft gebrauchen wollet.

Die Fermentation

Mein Sohn, wir wollen euch in diesem gegenwärtigen Kapitel zeigen die *Fermentation* dieses köstlichen rotgemachten und nicht rotgemachten Schwefels, nach der Eigenschaft als es sein wird, wie wir euch in dem Kapitel L. gewiesen: ich muß euch aber vorher auf alle Fälle erinnern, und derohalben müsset ihr nehmen von gemeinen Mercurio, und ihn mit gemeinen Salz und Vitriol *sublimieren*, und nehmet ein Gefäß, in welchem drei gute Finger hoch des *vegetabilischen* Wassers sei ohne seinen Tod, wie wir hiebevor gelehret haben, und tut euren Sublimat darein, und darüber einen Deckel, hernach setzet es drei natürliche Tage in *Putrefaction*, daß es sänftiglich aufwalle, hernach nehmet den Deckel hinweg, und setzet seinen Helm auf, alsdann distillieret durch gelinde Aschen, und vermehret zuletzt das Feuer, bis der Mercurius lebendig in seine Vorlage übergehe, den scheidet weißlich von dem Wasser, und *sublimieret* ihn mit neuen obgemeldten Materien, solches wiederholet zum dritten Mal, das letzte Mal aber trocknet ihn weißlich, so werdet ihr den *Mercurium präparieret* haben, mit welchem ihr das Gold und Silber vermengen sollet, nach Art der Natur des Schwefels, den ihr *fermentieren* wollet.

Nun ihr möget nehmen, welchen ihr wollet, so tut auf diese Weise. Nehmet einen Schmelz-Tiegel, lasset ihn glühend werden im Feuer, hernach tut das Gold darein, lasset es warm werden, doch daß es nicht fließe, alsdann nehmet es vom Feuer und tut darauf sechs Teil des zubereiteten *Mercurii*, wie oben gemeldet, rühret es mit einem Stöcklein um, und tut es in ein Gefäß mit reinem Wasser, handelt es alsdann mit der Hand, und sehet wohl zu, ob nicht ein Teil desselben sei, daß nicht worden sei als ein Teig oder Butter, das muß man notwendig wieder zum Feuer setzen, bis es wie eine Butter wird, hernach trocknet es mit einem saubern Tüchlein; danach drücket es durch eben dieses Tüchlein, so lange, bis allein drei Teil *Mercurii* und ein Teil Gold oder Silber übrig bleiben, es muß in gar dünne Blech geschlagen sein; hernach nehmet ein Teil des allerköstlichsten Schwefels, welchen ihr wollet, zum weißen oder zum roten, und reibet ihn mit gedachten *Amalgama*, nämlich ein Teil des Schwefels und vier Teil des besagten *Amalgama* des gemahlenen Goldes oder Silbers, damit ihr aber nicht fehlen möget, so sage ich, daß ihr ein Teil des Schwefels, drei Teil des *Mercurii*, und ein Teil des wie oben *amalgamierten* Goldes oder Silbers nehmen müsset; reibet es hernach in einem gläsernen Mörsel, mit seinem Stempel, zwo oder drei Stunden lang, hernach tut es alles in ein gläsern Geschirr einer flachen Hand hoch, welches ein wenig einen runden Boden habe, wie ein Ei, und die Höhe des Gefäßes so enge, daß nur ein kleiner Finger hinein gehen kann, hernach setzet es auf dem Dreifuß der Geheimnisse, zu einem gelinden Feuer von drei Faden, man muß aber wohl zusehen, daß das Gefäß mit der Aschen nicht höher bedecket ist, als nur so hoch die Materie gehet, und haltet mit dem Feuer sechs Stunden an, wann diese Zeit vorbei, so löschet euere Lichter aus, und lasset das Gefäß damit selber erkalten, so werdet ihr alle euere Materie als ein sehr weißes oder rotes Pulver finden, welches ihr *imbibieren* müsset, oder mit seinem roten oder weißen Wasser nähren, nach der Beschaffenheit des Schwefels, und ihm davon den vierten Teil geben, zween Tage lang in Digestion setzen, oder ins *Balneum*, eben wie ihr solches gebrauchet habt in der Bereitung seines Schwefels, allermaßen wir gelehret haben in dem Kapitel L. hernach nehmet es wieder heraus aus dem Balneo, und haltet es noch zween andere Tage in gelinder Aschen; danach muß man den Deckel abnehmen, und seinen Helm aufsetzen, die mäßige Feuchtigkeit ausdämpfen zu lassen, darauf verstopfet das Gefäß mit ein wenig Baumwollen, wie ihr getan, da ihr seinen köstlichen Schwefel *sublimieret* habt, und gebt ihm Sublimier-Feuer, und was sich *sublimieret*, das tut wieder hinunter, und *imbibieret* es wieder mit vier Teil, setzet es ins *Balneum* wie oben, hernach in Asche, und lasset seine Feuchtigkeit, wie zuvor, abrauchen. Alsdann nehmet es wiederum aus dem Gefäß, und tut es in ein ander Gefäß, das rund an Gestalt sei, wie ein Ei, welches einen langen Hals habe als ein Arm, hernach setzet es auf den Dreifuß der Geheimnisse, von fünf Faden, und fahret also mit dem Feuer fort, vier Tage, nach derer Verfließung nehmet das Gefäß davon ab, und solvieret es mit seinem weißen oder roten Wasser, nachdem der Schwefel sein wird, hernach ziehet das Wasser davon durchs *Balneum*, und alsdann coagulieret es mit der Aschen, also sollet ihr drei mal tun, nämlich mit *solvieren* und *coagulieren* und in der letzten Coagulation vermehret ihm das Feuer der *Sublimation*, so sich ein Teil *sublimieren* würde, das tut wieder hinunter wie zuvor, und *sublimieret* es so viel mal und tut es hinunter bis es fix bleibe.

Wisset, mein Sohn, daß wir euch in diesem Kapitel gezeiget haben die Art und Weise der *Fermentation* und *Multiplication*, davon kein Philosophus jemals so viel gesaget; Und wenn ihr diese Ordnung in acht nehmet, so seid versichert, daß ihr eine *Medicin* haben werdet, welche unendlich vielmal alle andere übertreffen wird, und eine große Tugend und Kraft erlanget, daß es menschliche Zunge nicht aussprechen kann, und wir versichern euch, daß alles in der *Sublimation* Wiederholung oder auch *Vegetation* bestehe. Lasset diejenigen fahren, die auf eine andere Weise als auf diese arbeiten. Nun wollen wir euch zu verstehen geben, daß ihr zum wenigsten achtzehn Monat zum Weißen, und vier und zwanzig zum Roten haben müsset, darüber man sich nicht zu verwundern hat, sondern man soll sein Werk bis zum Ende vollführen, und man hat mehr nicht nötig als die *Inceration*, allermaßen wir in seinem Kapitel lehren werden, also daß ihr nicht mehr Gelegenheit werdet haben zu sagen, daß ich euch nicht wohl geneigt sein sollte, angesehen ihr sehet, mit was für väterlicher Liebe ich euch die Wahrheit gelehret habe.

Die Inceration der großen Medicin,
samt seiner Projection
O.

Nachdem ich euch in dem vorhergehenden Kapitel die wahre *Sublimation* des Schwefels, mit allen den fürnehmsten Meisterstücken desselben, wie auch zugleich die *Fermentationes*, Rotmachungen und Fixationes derselbigen gesagt habe, so ist anjetzo noch übrig, euch die *Inceration* zu erklären, die wir euch sagen, daß sie notwendig, und wollen auch zwo Ursachen anzeigen, warum sie erfunden sei: die erste ist, weil die *Medicin* nach ihrer Fixation etwas harte ist zur Schmelzung; die andere, weil die geschwefelte Erde nach dem sie *sublimieret*, *rubrificieret* und *fermentieret* worden, bereit ist ihre Seele oder Öl zu empfangen, welches ihr die Schmelzung gibt, ehe der flüchtige davon gehe. Nun lasset uns zum Zweck kommen; nehmet ein Gefäß einer Quer-Hand hoch höher, dieses *lutieret* sehr stark mit Luto *sapientiae*, nämlich den dritten Teil des obgedachten Urinals, alsdenn lasset es trocknen, und wenn es trocken worden, so reibet euern Schwefel in einem gläsernen Mörsel, und dergleichen Stempel, mit einer langen Reibung, alsdann tut ihn in euer *Urinal* und gießet darauf einen achten Teil, eures Öls, welches wir euch angedeutet haben in dem Kapitel M. nämlich dasjenige, welches nach der ersten Art gemacht worden, verstopfet es mit seinem Deckel, setzet es auf dem Dreifuß der Geheimnisse, und das *Urinal* darein; dieses tun wir zu dem Ende, daß die *Fermentierung* und Verstopfung nicht gesehen werde, und auf diese Weise lasset es drei Tage aneinander stehen, bis daß ihr sehet, daß unser Öl sich *coagulieret* habe in seinem Schwefel; hernach *imbibieret* es wie oben, und fahret also fort mit eueren *Magisterio*, bis daß euer Schwefel bei gar kleinen Feuer fließe. Euch aber noch ein weit größer Zeichen zu geben, so ist dasselbe dieses, daß ihr gar wenig davon nehmen und davon auf ein heiß eisern oder küpfern Blech tun müsset, und so es ohne Rauch treibet, so habt ihr Gott dem Allmächtigen vor euer *Magisterium* zu danken und zu loben; wenn aber das Blech rauchet, so müsset ihr eurer Magisterium wieder anfangen, und ihm ein wenig stärker Feuer geben, bis ihr die vorgemeldten Zeichen erhaltet. Nun ist noch übrig seine *Projection* zu tun, und verwundert euch nicht, daß ich euch dieselbige nicht gezeiget habe, denn wir haben derer viel gesehen, die dieselbige nicht gewußt haben, und wie sie tun sollen; wir haben auch solche gesehen, die diesen Schwefel der Natur von den Metallen *sublimieret*, weil sie seine Fixierung oder vielmehr gedachte *Projection* zu tun nicht gewußt und damit euch solches nicht auch begegne, will ich euch dessen Art und Weise sagen, welche also ist, daß ihr nehmet eine Unze von gemeldter *Medicin* und sie auf hundert Unzen des gemeinen gewaschenen oder ungewaschenen *Mercurii* tut, ihr müsset ihn aber in ein irden Gefäß tun, das dem Feuer widerstehet, und wenn er beginnen wird zu rauschen, oder zu rauchen, alsdann werfet euere *Medicin* hinein, so wird aller Mercuruis zur *Medicin* werden, alsdann nehmet wiederum einen Teil von gedachter *Medicin*, und werfet sie auf andere 100 der Erden, so wird alles *Medicin* sein, und danach nehmet noch einen Teil des Mercurii oder eines andern Metalls, so wird es dasselbige alles in Gold oder Silber verwandeln, nach dem die *Medicin* beschaffen sein wird. Nun habt ihr eine genugsame Erkenntnis der *Multiplication* in der Kraft und in der Menge; die Multiplikation in der Kraft ist diejenige, die ich euch machen lassen in der Auflösung des *fermentierten* und *fixen* Schwefels, das ist, wenn ihr in drei Mal *solvieret* und *coagulieret*, und jemehr er *solvieret* und *coagulieret* wird, je mehr vermehret er seine Kraft, und jedesmal gewinnet man hundert damit, nämlich wenn man ihn *solvieret* und *coagulieret*, und wisset, daß jedes mal die *Medicin* Macht hat hundert Teil des Mercurii in Pulver zu verwandeln, danach ein Teil von diesen hundert Teilen, verwandelt hundert andere Teil in gute Metall, und damit ihr in diesem Fall nicht fehlen könnet, wollen wir euch eine allgemeine Weise zeigen. Wisset daß allemal, da euere *Medicin* oder particulas einen (Teil) davon in Pulver verwandeln wird, wann ihr solches Pulver auf *Mercurium* werfet, dasselbe fünfzig Teil zu verwandeln Macht hat, und also von Hand zu Hand, von einem bis auf die vollkommene Zahl der zehn Teile. Und so derselben fünfzehn sind, so hat sie die Macht hundert und fünfzig Teil zu verwandeln, und also muß man fortgehen mit *multiplicieren* bis auf die Zahl Hundert. Alsdann werdet ihr eine gewisse Erkenntnis haben, daß es wird die Macht haben, tausend Teil zu verwandeln, und durch dieses Mittel werdet ihr die Zeichen haben, dadurch ihr sie bis unendlich werdet vermehren können. Die *Multiplication* in der Menge ist diese, die wir euch hier oben mit dem Mercurio gewiesen haben, jetzund könnet ihr erkennen die Länge und Erstreckung unseres *Magisterii* und alle Gründe, welche ich meines Bedünkens unmöglich euch leichter lehren können, und um dieser Ursachen willen bitte ich euch, daß ihr es an euch nicht ermangeln lasset, zu schweigen, sonsten werdet ihr den Zorn Gottes über euch führen. Und weil wir euch zum Richter der *Particularien* oder vielmehr der Verkürzung angerufen, wollen wir sie euch hernach erklären, mit der Hilfe Gottes. Ich übersende euch die Arbeit, die ich euch will anbefohlen haben.

Folgen einige Particularia und Verkürzungen.
Erstlich auf Weiß

Nehmet von der zubereiteten *vegetabilischen* Erde, so viel ihr wollet, hernach habet von der mittlern Substanz, wie wir euch lehren werden in dem Kapitel X. Diese reibet lange in einem eisern Mörsel, bis es euch ein Ding zu sein scheinet, hernach habt sein *Ferment* aufgelöset, wie wir euch in dem Kapitel G. gelehret haben, welches *Ferment* solvieret soll sein mit E. Hernach ziehet das Wasser und sein aufgelöstes *Ferment* davon. Welches zwischen dem Silber bleiben wird wie ein Öl. Es ist zwar wahr, daß ihr von der Feuchtigkeit nur von vier Teilen, drei abziehen sollet, und wir sagen dieses zu dem Ende, daß euch das erwähnte *Ferment* als ein Öl bleibet und nicht wie ein dicker Honig, danach nehmet euere gemeldte *Composition*, und tut sie in ein gleichmäßiges gläsern Gefäß, wie wir euch gelehret haben, in der Rotmachung des Schwefels, danach gebt ihm ein achten Teil des obberührten *Ferments*, das ist aufgelöset Silber, das zum Öl gemacht worden, und wenn ihr es mit seinem Deckel wohl vermacht, so setzet es zwölf Stunden in Aschen, danach nehmet ihn weg, und setzet den Helm auf, und lasset diese kleine Feuchtigkeit, die sich empor wird heben können, abrauchen, und vermehret das Feuer so viel, bis das, was sich *sublimieren* kann, *sublimieret*, hernach lasset das Gefäß erkalten, was sich wird *sublimieret* haben, das tut wieder herunter, und *imbibieret* es wiederum, wie oben, mit neuem Öl, und vermachet es mit seinem Deckel, setzet es in die Asche, nehmet ihn hernach ab, und setzet den Helm auf, und lasset die Feuchtigkeiten abrauchen, hernach vermehret das Feuer, und sublimieret wie oben. Also sollet ihr so oft anfangen, bis daß ihr sehet, daß unsere mittlere Substanz fix an dem Boden bleibe, und sich nicht mehr sublimiere, und daß sie die Hälfte des Gewichts von dem Öl des Silbers angenommen, als wenn die mittlere Substanz und der Schwefel wären von einer Unze des einfachen Metalls, ohne daß sie durch den Schnabel des Helm gangen; sondern nur allein *solvieret*, und nehmet das vierte Teil des obigen Wassers davon. Es muß daselbst eine halbe Unze haben, und wenn sie fix sein wird, so gebet ihm Kohlen-Feuer, bis ihr merken könnet, daß die Materie geschmolzen oder geflossen, oder daß sie wie ein Öl sei, und also fahret fort mit dem Feuer drei natürliche Tage lang; danach lasset euer Gefäß kalt werden, und nehmet euere *Medicin* daraus, welche wird weis worden sein, jedoch ein wenig grünlicht, die ihr denn reiben sollet in einem gläsern Mörsel, hernach in ein Destillier-Gefäß tun, darauf eben dasselbige *Menstruum* tun, welches ihr oben durch das *Balneum* abgezogen, und wenn ihr es mit seinem Deckel wohl vermacht, so setzet es hernach in Asche, die gelindiglich koche, alsdenn gießet es weißlich in ein ander Gefäß, und auf die Materie, die euch an dem Boden blieben, gießet neues *Menstruum* auf, und fanget so oftmals wieder von vornen an, bis sie ganz aufgelöset sei, danach ziehet das Wasser durch das *Balneum* davon, das ist, das einfache *Menstruum*, und setztet es zu *coagulieren* in gelinde warme Asche, mit seinem Helm, und lasset diese kleine Feuchtigkeit abrauchen, die es in sich hat, hernach vermehret das Feuer der *Sublimation*, und lasset das Gefäß endlich kalt werden, und reibet die Materie wiederum, und so ein Teil sich davon *sublimieret* hat, so lasset es noch einmal mit dem jenigen *sublimieren*, so unten blieben ist, und löset es wieder auf mit eben demselbigen Menstruo, welches ihr ihm durch ein gelinde *Balneum* abgezogen, und coagulieret es wiederum, *solvieret*, *coagulieret* und *sublimieret*, wie oben, und auf diese Weise fanget das Magisterium von neuem dreimal wieder an, und zum letzten Mal gebt ihm *Sublimier*-Feuer, und so sich ein Teil *sublimieren* sollte, das tut wieder hinunter, hernach *sublimieret* wieder, und fanget diese *Sublimation* so vielmal wieder von vornen an, bis die Materie sich nicht mehr sublimiere, sondern fix als ein Öl bleibe, hernach tut *Projektion* auf diese Weise: Nehmet gewaschenen *Mercurium*, wie wir gelehret haben in *Fermentation*, und tut ihn in ein rund gläsern Gefäß, nämlich einen Teil von der gedachten *Medicin*, und ein Teil des gemeldten Mercurii. Der Mercurius muß zu erst in das Gefäß getan werden und hernach die *Medicin*. Setzet es hernach in das Aschen-Feuer, vermachet das Gefäß mit Baumwolle, und lasset es also fünfzehn Tage stehen, hernach habt bei der Hand euere Aschen oder Capelle, an der Größe nach der Vielheit euerer *Medicin*, die ihr *reducieren*, wollet, und sehet wohl zu, daß ihr zu einer Unze drei Pfund Blei nehmet, so wird es euch sechzig Unzen Silber geben, besser als das in den Erz-Gruben ist. Mein Sohn, dieses ist hier der Zweig, der die erste Hülse genennet wird. Und eben auf diese Weise könnet ihr mit dem Golde zu Werke gehen, ausgenommen, daß an statt da ihr so viel der bereiteten Erde hinzu getan, so viel der mittlern Substanz dazu nehmet, und hernach alle obgemeldten Arbeiten tut, die ihr zum weißen getan habt, und auf eine solche Weise tut auch *Projection*, und auch die *Reduction*.

Das andere Particular, welches gemacht wird
mit dem sublimierten vegetabilischen oder animalischen Schwefel

Nehmet drei Unzen des *sublimierten vegetabilischen* Schwefels, den wir in dem Kapitel L. gelehret haben, und eine Unze *calcinieret* Gold oder Silber, welches ihr wollet, und eine halbe Unze *Mercurii* oder vielmehr unserer mittlern Substanz, hernach incorporieret dieses alles mit einander in einem gläsernen Mörsel durch lange Reibung, alsdann *solvieret* es mit dem einfachen *Menstruo*, und wenn es wird zu Wasser worden sein, daß es scheinet ein Ding zu sein in der Farbe grün oder lasurblau, wann die Zusamensetzung von Silber ist, wenn sie aber von Gold ist, dunkelroter Farbe: alsdann ziehet das Wasser durchs *Balneum* davon, das ist ein *Menstruum*, so werden die Körper am Boden bleiben wie ein dicker Honig, welches ihr dann in ein rund Gefäß tun sollet, so einen Hals eines Arms lang hat, und so enge, daß man nur das forderste des kleinen Fingers hinein bringen kann, solches versiegelt auf *Hermetische* Weise, hernach setzet es in gelinde Asche zwanzig Tage lang. Folgendes vermehret das Feuer, bis es sich *sublimiere*, und was aufgestiegen ist, das tut wieder herunter, und also fanget so vielmals wieder von vornen an, bis alles fix auf dem Grunde bleibet, hernach lasset es fortgehen zu der *Solution* und *Coagulation*, die wir euch gelehret haben bei der *Medicin* des ersten *Particulars*, und eben auf dergleichen Weise machet auch die *Projection* und auch die *Reduction*.

Das dritte Particular, oder die Königin der Zweige, das mit dem größeren Mercurio und seinem Ferment gemacht wird

Nehmet von den beiden Lichtern, welches ihr wollet, und *calcinieret* es, als euch hiebevor gelehret worden, hernach habt so viel des *vegetabilischen* Schwefels, von der zubereiteten *vegetabilischen* Erde, oder *Sal Armoniac* eben so viel, reibet sie zusammen in einem kleinen steinern Mörsel mit seinem Stempel, durch eine lange Reibung, hernach *solvieret* es mit dem größern Menstruo, wie ihr davon in seinem Capitel seid gelehret worden. Wenn es *solvieret* ist, so setzet es hin zu *circulieren* zwanzig Tage lang in warme aber gelinde Aschen, nach deren Verfließung lasset das *menstrualische* Wasser abrauchen, daß ihr nämlich in den Mund des Gefäßes Baumwolle tut, damit das Wasser dadurch gehe und nicht durch das Metall, und wenn euch deuchten wird, daß die Materie zu einem Öl worden, oder auch zu einem *Liquor*, so tut sie in eine Phiole, oder auch in ein rundes Gefäß, und gebt ihm Aschen-Feuer zwanzig Tage lang, nach welcher Verfließung lasset eurer Gefäß wieder kalt werden, und nehmet das Gewicht dieser *Medicin*: So derselben eine Unze ist, so tut 100 Unzen gewaschenen Mercurii dazu, wie oben in dem Kapitel von der *Fermentation* gesaget worden. Und setzet sie in die Aschen, die da gelinde koche, alsdann machet die *Reduction*, wie wir euch in dem vorigen Particular gelehret haben auf dem Test oder großen Capelle mit drei Pfund Blei, so werdet ihr Gold oder Silber haben, nachdem das *Ferment* sein wird, welches gleich demjenigen wird sein, das aus den Bergen kommet.

Eine andere Art

Wenn ihr den Körper oder vielmehr das *Ferment* zu einem Öl gemacht, und sein *Menstruum* davon geschieden, nämlich mit der Baumwolle, wie wir euch in dem vorhergehenden Kapitel oder Particular gelehret haben, so merket das Gewicht des Öls, das euch blieben ist, wenn dessen eine Unze ist, so tut dazu sechs Unzen, von der mittlern Substanz, hernach lasset es in einem kleinen Körper mit seinem Helm *sublimieren*, und nachdem ihr das Gefäß mit Baumwolle vermacht, *sublimieret* es, hernach lasset es erkalten, wenn es kalt worden, so öffnet das Gefäß, so werdet ihr an dessen Boden ein Teil, und den andern Teil *sublimieret* finden, diesen tut zu den andern herab, hernach reibet es stark mit einander, *sublimieret* es wiederum, und fanget das gedachte Magisterium wieder mit *sublimieren* und herab tun so oftmals an, daß das Compositum fix an dem Boden bleibe, und sich nichts mehr *sublimiere*, das das Zeichen ist, daß ihr davon auf ein heißes Blech tut, wie zuvor gesagt ist, nämlich, so es nicht mehr rauchet, sondern fließet wie ein Wachs, so ist es gut. Und alsdann tut ein Teil Mercurii oder ein dergleichen ander unvollkommen Metall, welches ihr wollet, so werdet ihr besser Gold oder Silber haben als das in der Erz-Gruben ist, nachdem das *Ferment* wird gewesen sein.

Noch eine andere Art

Nehmet von der mittlern Substanz so viel euch beliebet, wenn sie von ihrer Unreinigkeit gereiniget ist, als wir euch in dem Kapitel X. gelehret haben. Und *sublimieret* sie so vielmals daß sie weiß durchscheinend und kristallinisch sei, wenn ihr davon auf ein heißes Bleich tut, so wird sie fließen wie ein Wachs; alsdann tut sie auf den vierten Teil der zwei Öle, die wir euch in dem Kapitel O. gelehret haben, so werdet ihr durch dieses Mittel eine *Medicin* haben, von welcher ihr einen Teil auf hundert des Mercurii nehmen könnet, so werdet ihr rein Gold oder Silber haben, nach dem euer *Ferment* sein wird. Und wisset, daß die Größe dieses *Magisterii* sich so mächtig und weit erstreckt, und so vielerlei Arten ist, daß es uns unmöglich sein würde, dieselbige euch weiter zu lehren. Also mag das, was ich euch gesagt habe, genug sein, denn es ist mehr als jemals ein *Philosophus* zu sagen, nur gedenken wollen.

Particular, das wir mit R. oder S. machen, nach dem sie reducieret worden, wie wir gesagt haben, und dieselben incerieret mit P. so zu einem Öl gemacht worden, nach dem Kapitel M.

Ich habe euch, mein Sohn gelehret, die große *Medicin*, und einige *Particularia*, die wir versucht und erfahren haben; nehmet nun, um ein *Particular* von unvollkommenen Metallen zu machen, drei Unzen von R. und calcinieret sie, wie wir in dem Kapitel H. gelehret, solvieret sie mit den einfachen *Menstruo*, *putrificieret*, sie acht Tage lang, distillieret durchs *Balneum*, so wird euch die Materie *corrumpieret* bleiben, wie ein dicker Honig, auf solche tut drei Untzen des *sublimierten animalischen* Salzes, mit seiner Baumwollen, wie wir in dem Kapitel L. gelehret, danach gießet so viel von seinem Wasser (nämlich von dem, welches ihr von gedachter Materie durchs *Balneum* werdet abgezogen haben) daß es zween Finger drüber gehe, vermacht es mit seinem Deckel, *putrificieret* es wiederum zwölf Stunden lang, hernach nehmet den Deckel ab, setzet den Helm auf, vermacht die Fugen, *distilliert* durch gelinde Asche, endlich vermehret das Feuer so viel, daß sich ein Teil zu einem sehr weißen Pulver *sublimieret*, wenn aber das Gefäß kalt worden, so nehmet es weißlich heraus, und tut es in ein gläsern Gefäß, hernach, nehmet die Erde, die euch an dem Boden zurücke blieben, heraus, und reibet sie mit einer Unzen des *sublimierten animalischen* Salzes, wie oben, hernach tut das Wasser, welches ihr durch das *Balneum* abgezogen habt, auf die geriebene Materie, daß es zween Finger drüber gehe, hernach setzet euer Gefäß mit seinem Deckel in *Putrefaction* zwölf Stunden lang, wie oben, alsdann nehmet den Deckel ab, setzet den Helm auf, samt der Vorlage, und lasset es in gelinder Aschen distillieren, und vermehret das Feuer so viel, bis die Materie, die sich *sublimieren* kann, *sublimie-*

ret ist, alsdann lasset das Gefäß kalt werden, und sammlet, was ihr *sublimieret* findet, zusammen, und fanget so vielmal wieder von vornen an, bis sich kein weiß Pulver mehr *sublimieret*, und die Erde ohne Geist am Boden des Gefäßes bleibet, welche ihr mit einem warmen Licht probieren sollet, wie oben gelehret worden, so werdet ihr dadurch erkennen, ob dieselbe tot und ihrer Feuchtigkeit beraubet sei, welche Erde ihr wieder sollet reiben, und hernach in einem *Reverberir*-Feuer *calcinieren*, nach dem Kapitel F. Man muß aber zusehen, daß diese Erde in dem *Reverberir*-Feuer nicht länger als 24 Stunden gelassen werde, das ist, die Erde der unvollkommenen Metallen, sonsten gingen sie ganz hinweg oder würde zum Glase werden. Derohalben erinnern wir euch, daß das Feuer der *Reverberation* nicht allzuübermäßig groß sei: nun habt ihr, mein Sohn, die wahre und gewisse *Calcination* oder die *Examination* der Erden der unvollkommenen Metallen, nehmet dieses weiße Pulver, das sich *sublimieret* hat, und tut es besonders, und reibet es mit seiner *calcinierten* Erde in einem gläsernen Mörsel mit seinem Stempel durch lange Reibung, hernach verwahret es in einem wohl verstopften Glase bis ihr sein Wasser rectificieret habt, wie wir sagen werden. Nehmet alle *Distillation*es, so durch die Aschen geschehen, und lasset sie durchs *Balneum* distillieren siebenmal, und so einige Erde am Boden des Gefäßes, oder auch einige Feuchtigkeit bleiben würde, die werfet weg, denn dieses ist seine Luft, die die Conjunction des Wassers mit seiner bewahrten Erde verhindert, und gebt ihm den achten Teil dieses *rectificierten* Wassers, und vermacht es mit dem Deckel, setzet es hernach in Digestion, dann nehmet den Deckel ab, und setzet es in gelinde Asche, mit seinem Helm, die Feuchtigkeit die dabei ist ausdämpfen zu lassen, hernach imbibieret es, und tut in allen, wie oben, und fanget dieses *Magisterium* wieder an so vielmal, bis es alle sein Wasser getrunken hat, alsdann wird es tüchtig sein zu *sublimieren*, das rechte Zeichen ist das Blech, das größeste Teil wird im Rauch davon gehen, das ist das wahre Zeichen aller Erden, nachdem sie *imbibieret* worden. Nehmet diese Erde weislich aus dem Gefäß, und reibet und *sublimieret*, als wir euch gelehret haben, in dem Kapitel L. und durch dieses Mittel werdet ihr von allen unvollkommenen Metallen ihre erste Materie oder ihren Schwefel der Natur erlangen, und durch eben dieses Mittel könnet ihr auch in die erste Materie bringen die zwei andern unvollkommenen Metallen T. und V. Es ist zwar wahr, daß sie sollen *incerieret* werden mit dem Öl der einfachen Luna, wie wir euch in dem Kapitel O. gelehret haben, und damit ihr nicht fehlen möget in seiner Fixation, so geschieht dieselbe auf diese Weise: nehmet eine Unze des *sublimierten* Schwefels der gemeldten unvollkommenen Metallen, das ist, welches ihr wollet von zween oder beide zugleich, denselben reibt mit einer halben Unze der *vegetabilischen* oder *animalischen* und wie oben zu bereiteten Erde, wie wir euch gelehret haben oder lehren werden, in dem Kapitel X. Reibet alles zusammen, hernach tut es in ein Gefäß, daß wir euch gelehret haben in dem Kapitel Z. und *sublimieret* es also so vielmals, und fanget allzeit von vornen wieder an, daß alles am Boden des Gefäßes fix ist, nach dem es nun fix ist, so nehmet es mit dem einfachen Öl, wie wir euch in dem Kapitel O. gelehret, und, durch dieses Mittel werdet ihr die Particularia der unvollkommenen Metallen haben, mit einer weitläufigen Erklärung und wenig Worten; von dieser *Medicin* tut ein Teil auf hundert Teil des R. und S. so die Arznei von ihnen gemacht ist, das ist, ihren Schwefel; und durch dieses Mittel werden die Schwefel T. und V. gemacht, welche auf die gedachten Metallen gehen werden, wie auch auf den Mercurium, so ihr wollet, dafern ihr dazu die mittlere Substanz von demselben getan habt. Ihr könnet, mein Sohn, noch weiter P. und Q. durch eine dergleichen Art *reducieren*, wenn ihr begehret euch derer zu bedienen, *Particularia* zu machen, ausgenommen daß die *Rectification* des Wassers durch die Aschen geschehen muß, und alle Erden, die in erwähnter *Rectification* übrig bleiben, sollen auf ihre Erde getan werden, und danach alle obgemeldte Arbeit geschehen, die wir gesagt haben, von den unvollkommenen (Metallen). Es ist zwar gewiß, daß sie die *Inceration* nicht nötig haben, ihre Luft weg zu nehmen. Durch dieses Mittel habt ihr eine weitläufige Lehre von unserm *Magisterio*, ob es schon auf viel andere Weise gemacht werden kann, das S. auszustrecken, und darum gehet nicht von den obgemeldten Mitteln ab, weil es euch, dafern ihr ihm von Punkt zu Punkt folgen werdet, unmöglich sein wird zu fehlen.

Die Präparation und Sublimation des gemeinen Mercurii, welcher der Vater ist aller Metallen, und die Art und Weise seine mittlere Substanz auszuziehen, die so großer Tugend ist, daß es eine menschliche Zunge nicht ausdrücken kann. X.

Nachdem ich euch versprochen zu erklären und insonderheit zu weisen die Art und Weise den gemeinen Mercurium zu *präparieren*, damit ihr mit demselben euer *Menstruum calcinieren* könnet, denn ohne diesen sich wenig von dem Schwefel der Natur *sublimieren* würde, der aus den zween Lichtern gezogen wird, wie wir gesagt haben; obschon aus ihm allein, wenn er in die erste Materie gebracht worden mit dem *vegetabilischen* Wasser, oder mit dem *animalischen Menstruo* die *Transmutation* geschehen kann, das ist, wenn er erst *reducieret* und fix ist, und hernach mit dem Öl des Goldes oder des Silbers, welches Öl wir euch weitläufig in dem Kapitel M. gelehret (seine *Inceration*, die wir an diesem Ort Fermentation nennen, haben wir in dem Kapitel O. gelehret), vereiniget wird. Nun mein Sohn, betrachtet unser großes Magisterium, und wie diese Regierungen und Arbeit bestehen, so werdet ihr sehen, daß es notwendig sei, die zwei Lichter zu *incerieren*, das ist, allda anzufangen, wo es die Natur vollbracht, eben als wie der Ackersmann auch tut, daß er seine Erde zubereite, hernach den Samen hinein werfe, der von der Sonnen in seiner Erde, die voller Feuchtigkeit ist, gekocht wird, gleicher Gestalt muß man auch zurücke gehen, und die *vegetabilische* Kraft des Goldes auftun, das ist, daß der weise Künstler diese Körper *calciniere*, sie subtil mache, von einander teile, hernach *dissolviere* mit dem Wasser voller Feuchtigkeit, welches seine *Reincrudation* oder Wieder-Rohemachung ist, davon eine wahre *Putrefaction* entstehet, hernach folgen die obgemeldte Arbeiten des *Magisterii*: dergestalt daß ihr für gewiß und wahrhaftig glauben müsset, daß man das Gold und Silber wieder *reincrudieren* oder wieder rohe machen müsse; der gemeine Mercurius aber ist von wiedriger *Operation*, denn man muß ihn kochen, hernach sieben, damit ihr seine mittlere Substanz erlangen könnet, welche von etlichen seine erste Materie genennet wird, hernach ihm eines von den zweien Lichtern geben, so in ein Öl gebracht worden, wie wir gelehret haben, und dieses wird *Ferment* genennet, ohn welchen unmöglich ist *Transmutation* oder Verwandelung zu machen. Derohalben fliehet diese falsche Alchymisten, welche ein *Amalgama* machen, und gedenken solches im Flusse zu behalten, nachem ihr Mercurius praecipitieret worden, aber sie betrügen sich; andere wollen die *Lunam tingieren* und fix machen, es ist aber nur ein Irrtum. Der gute Mercurius kommt aus Spanien, wenn ihr aber dessen nicht haben könnet, so versuchet oder probieret den, den du findest, und laß ihn bei der Wärme in einem silbernen Löffel weg rauchen, und so es ein weißes oder rotes Kennzeichen nach sich lässet, so ist er gut, nicht aber wenn er andere Farben hinterlässet. Hernach nehmet zwei Pfund Vitriol, und *sublimieret* ihn damit, hernach gießet so viel von dem *vegetabilischen* Wasser darauf, das ohne *Phlegma* ist, daß es zween Finger hoch über dem gemeldten Sublimat gehe; hernach lasset es zwo Stunden lang in *Balneo* sieden, und distillieret es danach durch Aschen, und leget die Vorlage für die Retorte, so wird in derselben das *vegetabilische* Wasser übergehen, hernach bedecket die ganze Retorte mit Aschen, und vermehret das Feuer, so wird alsdann euer gemeiner Mercurius in das gedachte *vegetabilische* Wasser übergehen, hernach bedecket die ganze Retorte mit Aschen, und vermehret das Feuer, so wird alsdann euer gemeiner Mercurius in das *vegetabilische* Wasser übergehen, alsdann scheidet durch abgießen den Mercurium von dem Wasser, und *sublimieret* ihn wiederum, wie oben, mit neuen Materialien, hernach lasset ihn durch die Retorte übergehen. Trocknet ihn zum drittenmal, mit einem sauberen Tuch, und lasset ihn noch einmal mit neuen Materialien *sublimieren*, nämlich zwei Teil Vitriol, und ein Teil Mercurii, und ein Teil gemein *präparieret* Salz, tut also sieben mal, und tut allezeit neue Materialien zu dem gemeldten Mercurio, und werfet die Feces weg; wisset aber, daß diese sieben Sublimationes müssen in dem *Aludel* geschehen, und in keinem andern Gefäß, sintemal man so nicht ein angebrannt Pulver davon scheiden könnte, als in dem *Aludel*. Damit ich aber verwehre, daß ihr nicht fehlet, so will ich euch die sieben *Sublimationes* wiederholen, welches ist, daß ihr nehmen müsset ein gläsern Gefäß mit seinem Deckel, seinen Helm mit einer kleinen Röhre darauf, dieses Gefäß muß eines halben Arms hoch sein, darein tut unsern Vitriol, wenn ihr ihn gerieben, hernach tut dazu den *Mercurium* und zuletzt das *präparierte* gemeine Salz. Vermischet alles sänftiglich miteinander, mit einem kleinen Stöcklein, damit das Glas nicht zerbreche; hernach lasset es in seinem Ofen von Aschen, setzet ihm seinen Deckel auf, und gebt ihm ein klein Feuer. Habt aber acht, daß das Gefäß nicht anders als an ein dritten Teil mit der Asche bedecket, und die andern zwei Dritteil offen sein, und also gebt ihm Feuer bis die Feuchtigkeit heraus gehe. Hernach vermacht das Röhrlein des Deckels mit ein wenig Baumwolle, und fahret mit dem Feuer so lange fort, bis es sich *sublimieret*, danach lasset euer Gefäß kalt werden, alsdann nehmet den *Sublimat*, so wohl der sich an dem Deckel befindet, als der in dem Gefäß ist, und wenn das Gefäß nicht zerbrochen, so reiniget es von seiner Unreinigkeit, tut ein wenig laulicht Wasser darein, und lasset es in paar Stund darinnen stehen, so werden sich die Feces abgeben; tut wieder neue Materialien hinein, und verfahret wie oben, und wiederholet es sieben Mal mit neuen Materien, und scheidet allezeit euren *Sublimat* ab, und lasset ihn endlich durch das Sieb gehen, hernach tut ihn in ein ander Gefäß, das dem ersten gleich ist, es muß von dreien Stücken sein, daß es nämlich seinen Deckel und Helm habe, sintemal man unterschiedliche Arbeiten in einem Gefäß machet. Wenn ihr nun euren Sublimat in das gemeldte Gefäß getan, so tut so viel von dem einfachen Wasser darauf, daß es drei gute Finger hoch darüber gehe, verstoffet es mit dem Deckel, das gedachte *Menstruum* mag *vegetabilisch* oder *animalisch* sein, wie es euch gut deuchtet, hernach setzet es in Aschen, daß es gelinde koche, zwölf Stunden lang, alsdann nehmet den Deckel weg, und setzet den Helm auf, und distilliert im *Balneo* alles *Menstruum* ab, dann nehmet den Helm ab, setztet den Deckel mit seinem Röhrlein wieder auf, und setzet es in Aschen, bedecket das Gefäß mit der Aschen so hoch als die Materie gehet; danach gebet ihm allgemach Feuer, bis die Feuchtigkeit übergangen, verstopfet das Röhrlein mit Baumwolle und vermehret das Feuer, bis die Materie sich sublimiere, und wenn sie sich *sublimieret* hat, lasset es kalt werden, nehmet den Deckel ab, und was sich *sublimieret* in dem gemeldten Deckel, das sammlet besonders zusammen, weil es zu unserm Werke nicht dienet, sondern ist das jenige, verbrannte Teil, das nicht in unser *Magisterium* eingehet; hernach sammlet was sich mitten im Gefäß *sublimieret*, welches auch als ein Kristall vorkommen wird, das nehmet weißlich ab, wegen der *Feces* in eurem Gefäß, alsdann tut euren Sublimat wieder in eben das Gefäß, und tut abermals von demselbigen *Menstruo* darauf, daß ihr durchs *Balneum* abgezogen, vermacht es wie oben mit dem Deckel, lasset es wie zuvor eine halbe Stunde in der Aschen kochen, hernach nehmet ihn weg, und setzet den Helm auf, lasset es distillieren, und wann es trocken, so setzet den Deckel wieder auf, lasset es in der Aschen *sublimieren*, tut die *Feces* weg, und den verbrennlichen Teil, welcher sich an dem Deckel befindet, nehmet den Sublimat, der mitten im Gefäß ist, und tut alles was gesagt worden, in der ersten *Operation*, dieses tut sieben mal, bis es keine *Feces* mehr am Boden des Gefäßes mache; wenn ihr dieses Zeichen habt, so nehmet euere Substanz und reibet sie, hernach tut sie in ein gläsern Gefäß, und gießet so viel von dem einfachen *Menstruo* darauf, es sei *animalisch* oder auch *vegetabilisch*, daß es drei Finger hoch darüber gehe, verstopft es mit seinem Deckel, und setzet es in die Asche zween Tage lang, daß es lindiglich koche, und was sich wird aufgelöset haben, das nehmet weißlich *per inclinationem* davon, und tut es in ein ander Gefäß, und was am Boden des Gefäßes blieben, das trocknet bei der Wärme glinder Aschen, als der Sonnen Wärme ist, danach gießet neu *Menstruum* darauf, vermacht es mit dem Deckel, setzet es in Asche, gießet es wiederum *per inclinationem* weißlich ab, wie zuvor; und dieses fanget so vielmal von vornen wieder an, daß das auflösliche Teil sich *solviere*; so wird euch am Boden des Gefäßes bleiben eine Erde, die sich nicht *solvieren* lässet, welche nichts wert ist, die ihr weg werfen sollet. Alsdann nehmet, was sich aufgelöset hat, das ist, was ihr durch die *Inclination* abgossen, und lasset es mit seinem *Mensturo* durch das *Balneum* distillieren, wenn es *distillier*et, setzet es mit dem Deckel in gelinde Asche, und vermehret das Feuer, bis daß sichs sublimire; was sich *sublimieret*, das wird genennet die erste Materie, welches die mittlere Substanz ist, mit welcher wir unsere *Menstrua* eincalcinieren, mit diesem machen wir unendlich viel *Particularia* und es ist der *mineralische* Stein; nun Mein Sohn, ihr könnet mit unendlich viel Mitteln ein und andern *Mercurium practicieren*, wie *Raymundus Lullius* sagt, und wo dieses *Mineral* nicht in seine erste Materie wieder bracht wird, mit dem *vegetabilischen* oder *animalischen* Wasser, so ists unmöglich, etwas gutes daraus zu machen zu der großen *Composition*, die in ihm ist, wie ihr erkennen werdet, wenn ihr also damit zu Werke werdet gehen, als oben gelehret worden. Nun, wenn ihr fixieren wollet, das ist, es zu kochen vollbringen, so müsset ihr ein Gefäß haben, wie das jenige, das ich euch gelehret habe in der Rotmachung des Schwefels, und in demselben es *sublimieren*, und was sich *sublimieret*, wieder herab tun, so lange, bis es fix an dem Boden bleibe, wie ein weißer und durchscheinender Kristall, und wenn ihr von demselben auf ein heißes Blech tut, so wird es fließen wie Wachs und das Blech durchdringen, und hiermit werdet ihr in euern *Particularien* arbeiten können, wie wir hie oben euch gewiesen haben. Weiter so ihr diese erste Materie *incerieret*, die also mit einem von den dreien Ölen gekocht ist, die wir euch gelehret haben in dem Kapitel M. so werdet ihr große Wirkungen und sehr große Verwandlungen sehen.

Über dieses kann diese erste Materie oder mittlere Substanz auf diese Weise fixieret oder mit kochen vollbracht werden, das ist, wenn ihr dieselbe nicht zum Teil fixieren wollet, sondern dieselben reiben, wie wir oben gesagt haben; nehmet sie und tut sie in ein Gefäß, gebt ihr den vierten Teil von Gold oder Silber, so durch die natürliche *Solution* aufgelöset worden, das ist, mit dem größern *Menstruo*, hernach vermacht es mit seinem Deckel, und setzt es zween Tage ins *Balneum*, eben auf diese Weise, als ihr getan habt, da ihr den roten Schwefel habt machen wollen, nämlich in dem Kapitel L. Nach Verfließung der zween Tage nehmet ihn ab, und lasset seine Feuchtigkeit durch das *Balneum* durch gelinde Aschen davon gehen, hernach vemehret das Feuer und lasset es *sublimieren*, alsdann tut herab, was sich *sublimieret* hat, und *sublimieret* wiederum mit dem vierten Teil, des wie oben solvierten Goldes oder Silbers, vermacht es mit seinem Deckel, setzet es ins *Balneum*, tut die Feuchtigkeit davon, hernach vermehret das Feuer, und *sublimieret* wie oben, und dieses sollet ihr so vielmahls tun, daß ihr den dritten Teil von dem *Ferment* oder obgemeldten aufgelösten Metall abgezogen, und alles fix und flüssig an dem Boden bleibet, wann ihr davon etwas auf ein heiß Blech tut, wird es fließen wie Wachs, und *tingieren*, nachdem sein *Ferment* sein wird.

Wenn ihr die oberwähnten Zeichen haben werdet, müsset ihr gemeldte *Medicin* dreimal auflösen und *coagulieren*, wie wir gesagt haben in der *Composition* der großen *Medicin*, und alsdann tut *Projection*, als wir ingleichen an demselben Ort gesagt haben, und tut ein Teil derselben auf hundert eines unvollkommenen Metalls, was es auch für eines sei, oder auch auf gemeinen *Mercurium*; und durch dieses Mittel haben wir alles gelehret und gesagt, was das einfache *Menstruum*, und was das zusammengesetzte Menstruum sei; weiter die erste Materie, alle Metallen zu *reincrudieren* oder rohe zu machen, und sie wieder in ihre erste Materie zu bringen, und damit die wahre *Transmutation* zu tun. Und in diesem letzten Kapitel die Art und Weise den gemeinen *Mercurium* zu kochen, oder ihn in die erste Materie oder mittlere Substanz zu bringen, und habe über dieses geschickt alle Alphabete unserer Bücher, nämlich, die *Violette*, *Summarie*, und großen *Elucidarium* durch glaubwürdige Personen.

Weil ihr nun die *Practic* dessen alles habt, so lobet Gott, und gebrauchet es mäßiglich an eurer Seiten, aber mildiglich gegen die Armen Jesu Christi, ich befehle euch alles auf eure Seele, wo ihr nicht geheim haltet, was ich euch mehr als väterlich offenbaret habe, Paris den 7. Juli 1466.

Register

der Materien, so in diesem Buche durch
die Buchstaben der Alphabethe zu verstehen sind

A.

Zeiget an die unendliche Barmherzigkeit des wahren Gottes. P.

B.

Die Lunarische Materie, das ist, den Wein daraus unser köstlicher Liquor gezogen wird. P.

C.

Den ersten Geist oder *Spiritum*, von seinem *Phlegma* geschieden, welcher ein damit befeuchtetes Tüchlein ganz verbrennet, wenn solches geschieht, muß er noch einmal distillieret und nur zwei Dritteil davon genommen werden, wie ihr sehen werdet in der *Practica*, *Raymundus* sagt, bis er den Zucker verbrennt, in seinem ersten Buche von der *Quinta Essentia*. P.

DD.

Die Schärfung unseres rectificierten Spiritus, wie ihr sehen werdet in der Practica und Präparation des Honig-Seims den gemeldten Spiritum zu schärfen. P.

E.

Die Circulation, welche genennet wird das einfache vegetabilische Menstruum. P.

F.

Unser Mercurius oder Erde, und dero Präparation, wie ihr in der Practica sehen werdet. P.

G.

Der Saft oder die Brühe der beiden Lichter, derer wahre Auflösung wir machen mit Erhaltung ihrer Grundfeuchtigkeit, welche das Leben derselben Licher ist. Und wo die *Solution* nicht mit gemeldter Brühe geschieht, so wird nimmer keine natürliche, sondern nur eine gemeine *Solution* geschehen. In Ansehung derselben, werden wir die *Reparationes* physicas oder natürlichen Arbeiten anfahen, und wird genennet das zusammen gesetzte *Menstruum*, das auflösende *Menstruum*, das *vegetabilische Menstruum*, das *mineralische Menstruum*, das *animalische Menstruum*, das lebendige Wasser; und wenn es wird *circulieret* werden, so werdet ihr einen so großen Geruch empfinden, daß menschliche Zunge es nicht wird ausdrücken können; *Raymundus* sagt, daß zweierlei Art *Menstrua* sind, *vegetabilisch*, *resolvierend* und *resolvierlich*, das *resolvierende* ist zweierley, ein Himmlisches, und das andere nicht. Das resolvierliche oder auflößliche ist ein *Potentialischer Liquor*, welcher in dem ganzen metallischen Körper ist, und den Schwefel und das Quecksilber zusammen vereiniget, daß es nicht gesehen werden kann, ohne das *resolvierende*. Das *resolvierende* ist eine aus dem Wein oder *Tartaro* gezogene *Quinta Essentia*, von dessen

Natur das *resolvierliche* seine Wirkung herfür bringet. Sonsten ist ein brennend Wasser, das vollkommen *rectificieret* ist, durch welches Tugend alle Körper aufgelöset, *putrificieret*, gereiniget, die Elemente geschieden, und die Erde in ein Salz erhöhet wird, durch seine anziehende Kraft, und wer ein ander Wasser suchet als dieses, der ist ein Tor und unwissend, und wird nimmer zu keinem Effect kommen. P.

H.

Die Calcination der beiden Lichter, und aller andern unvollkommenen Metallen. P.

I.

Die Philosophische Dissolution.

K.

Die wahre Putrefaction.

L.

Der vivificierte und sublimierte Schwefel in gemein, so wohl der wollkommenen als unvolkommenen Metallen auch der vegetabilischen und animalischen Individuorum oder besondern einzeln Dinge, welches wohl und oft muß in seinem Kapitel gelesen und überlesen werden. P.

M.

Inceration, welche ist das Öl des Goldes als nämlich eigentlich dienlich zu incerieren. P.

N.

Die Scheidung der Elemente in gemein. P.

O.

Die Inceration, die man zuletzt die Fermentation nennet. P.

P.

Gold.

Q.
Silber.

R.
Kupfer.

S.
Eisen.

T.
Blei.

V.
Zinn.

X.
Der gemeine Mercurius, aus welchem die mittlere Substanz gezogen wird, der man eines von denen beiden Lichtern so in Öl gebracht worden, geben muß, ohne welchen unmöglich ist *Transmutation* oder Verwandlung zu machen.

Schatz der Philosophie oder das bisanhero verlangte Original Nicolai Flamelli

Dieser Schatz der Philosophie lehret uns die Heiligkeit desjenigen, von welchem alle Dinge sind und ihm zugehören, der Himmel, die Erde und das Meer, und alle erschaffene Dinge in denenselbigen, und von ihm kommen her alle Schätze der Weisheit, sintemal Er allein der Schöpfer des alles ist, und der die Macht hat, aus nichts alle Dinge zu erschaffen, und hat zu den eigenen Dingen binden und zutun wollen andere und fremde Dinge, und eine Vereinigung zwischen unterschiedenen Dingen machen, und durch gewisse Arzneien die kranken Dinge heilen, und den unvollkommenen Vollkommenheit verleihen wollen, welches denn die alten Weisen und *Philosophi* vollkommen erkennet und verstanden haben durch zwei Mittel, wie sie davon in ihren Büchern haben gehandelt und geschrieben: unter welchen Mitteln das eine wahr, und das andere falsch ist; das Wahre haben sie in den Schriften verfasset mit dunklen Worten, damit dieselben von niemand anders als nur von den Weisen vollkömmlich verstanden werden möchten und haben dieselben verhölet und verborgen den Bösen, welche diese Wissenschaft *profanieren* und entheiligen hätten können.

Wisset demnach, daß diese Wissenschaft eine Erkenntnis ist der vier Elementen, und der Zeiten, und Eigenschaften, wie dieselben gegen und unter einander eins in das andere sich verändern, darinnen alle *Philosophi* überein stimmen; und wisset, daß in allen erschaffenen Dingen unter dem Himmel vier Elemente sind nicht zwar sichtbarlich dem Gesichte, sondern der Wirkung nach, vermittelst welcher die *Philosophi* unter dem Deckel der Lehre von den Elementen, diese Wissenschaft gegeben und gezeiget und davon Eröffnung getan haben; die aber nicht Verstand haben des Buchstabens, die verstehen durch die vier Elemente viel Dinge, als Blut, Haar, Eyer, Urin, und andere Sachen, darüber ich mein Gespött gehabt; welches ich getan habe, als ich mich auf bessere Gedanken begeben, die ich vormals nicht gehabt hatte; nachdem ich aber nunmehro die wahre Materie erkennet, oder das *Sperma* und den Samen aller Metallen, und daß solcher sei der *Mercurius*, der da gekochet, und *coagulieret* ist in dem Bauch der Erden, durch die Wärme des Schwefels, der ihn kochet nach seiner eigenen Kraft und Tugend; von welchem durch die *Multiplication* und Vermehrung desselbigen viele und unterschiedliche Metallen der Erden herfür gebracht und gezeuget worden; dann der Same und die Materie derselbigen ist eine einige und gleichförmige; jedoch aber sind gedachte Metallen unterschiedlich, allein wegen der zufälligen *Action* und Wirkung, nämlich daß sie mehr oder weniger gekocht und ernähret, temperiert oder untemperiert, brennend oder nicht brennend sein, und also stimmen hierinnen alle *Philosophi* überein. Denn es ist gewiß, daß alle Dinge daraus gemacht worden, darein sie hernach wieder *resolvieret* und aufgelöset werden; dann das Eis verkehret sich vermittelst der Wärme in Wasser, so ist dennoch allerdinge klar und offenbar, daß es zuvor Wasser gewesen. Gleicherweise werden alle Metallen in einen *Mercurium* verwandelt, und daher sind sie in ihrem Anfange *Mercurium* gewesen; welches ich hernach dartun will. Nachdem wir nun also dieses *praesupponieret* und zum Grund gesetzet, so können wir das Argument des Aristotelis auflösen, der da im vierten Buche der *Meteoren* saget, es sollen alle *Artisten* wissen, daß die Metallen nicht verwandelt werden können, wo sie nicht in ihre erste Materi gebracht werden. Die Wiederbringung aber und Verkehrung derselben in ihre erste Materie geschieht also, wie hernach gesagt und erklärt werden soll; die *Multiplication* und Vermehrung derselben ist leicht, nicht aber die Verwandelung. Denn ein jedes Ding, das in der Erden wachset, und geboren wird, vermehret sich, wie zu sehen ist an allen Gewächsen oder Kräutern, Bäumen und Tieren: denn von einem Korn wachsen tausend Körner, und von einem Baum kommen tausend und unzählige Zweige herfür, und von einem Menschen ist das ganze menschliche Geschlecht fortgepflanzet worden. Eben also nun, wie alle Dinge sich in ihrer Art *multiplicieren* und vermehren, also kann sich auch das Metall, und zwar ohne Unterscheid vermehren und *multiplicieren*; *Aristoteles* stellet eine Frage an, und begehret zu wissen, ob dieses nämlich geschehe in den eigenen *Organis*, und Werkzeugen, oder in den natürlichen oder künstlichen Mineren. Ist nun dem also, daß alle Metallen in der Erden herfür kommen und wachsen, so ist es auch denselben möglich, daß sie unendlich können vermehret und multiplicieret werden; das kann aber nicht anders geschehen, als wenn es vollkommen gemacht worden in der *Luna*, oder Ordnung der Metallen, derer Vollkommenheit und ganze Gebärung ist von den gedachten Metallen die vollständige und vollkommene Medicin, die da ist das *Elixier* der Weisen, zu welchem nicht möglich zu kommen ist, ohne durch das eigene Mittel, oder durch eigene dazwischen gesetzte Sache; denn es geschieht keine Bewegung von einer *Extremität* zu der andern; als durch ihr eigen Mittel; ich habe die Natur dieses Mittels gesehen in dem vermittelnden Dinge, welchen, welches allezeit die *Extremitäten* mit sich begreift, die da sind Schwefel und *Mercurius*; von einem und dem andern wird das *Elixier* von dem vermittelnden Dinge vollzogen und vollbracht, welches natürlicher Weise mehr gereiniget, gekochet und wohl gezeitiget, besser und vollkommener, und daher auch näher ist. So siehe dich dann nun, allerliebster Leser, für, daß du nicht irrest noch fehlest, denn was der Mensch säen wird, dergleichen wird er auch ernten, so ist auch nun offenbar und klar, was der Stein sei, und was die Mittel desselben sein, denn es wird ihm nichts fremdes zugesetzt, sondern nur die überflüssigen Dinge weggetan; denn es schickt sich nichts zu unsern Geheimnis, als was ihm nahe und seiner Natur ist. Ich habe dir derowegen, liebster Leser, ausgeleget und erkläret die Sprüche und Reden der Alten, und ihre dunkeln und in Gleichnissen verborgene Worte oder Vorträge, welches ich zu dein Ende habe tun wollen, daß du dafür halten und urteilen mögest, daß ich die Lehre und den Vortrag der gemeldten Philosophen wohl verstanden, und du auch selber bejahen könnest, daß sie wahrhaftige Dinge geredet und geschrieben haben.

Von dem ersten Wort oder Vortrag der Philosophen

Das erste Wort der Philosophen ist das, was sie genennet haben die *Solution* und Fundament der Kunst, und dahero sagt Maria, die Mutter und Prophetin, erweiset und setzet ein Gummi zu dem andern Gummi durch wahre Vermählung, so wirst du es machen, wie ein laufendes Wasser; so sagt auch der Prophet: wo ihr nicht das körperliche Ding in ein unkörperliches verkehret, so werdet ihr vergeblich und umsonst arbeiten; Von dieser *Solution* und Verkehrung handelt *Parmenides* oder vielmehr Egadimen in dem Buch der *Turba*, wenn er saget; daß etliche, wenn sie von solcher *Solution* reden hören, denken und meinen sie, daß es Meer-Wasser sei, wenn sie aber die Bücher gelesen und verstanden hätten, so würden sie wissen und verstehen, daß solches ein bleibendes Wasser sei, welches ohne seinem Körper, mit dem es vereiniget und aufgelöset, und ein Ding worden, nicht bleibend sein kann, denn die *Solution* der Weisen, ist nicht eine Imbibition oder Eintränkung mit Wasser, sondern eine Verkehrung und Verwandelung der Leiber in das Wasser, daraus sie anfänglich geschaffen worden, nämlich in *Mercurium*, eben wie das Eis sich in das flüssige Wasser verkehret, von dem es anfangs sein Wesen gehabt. Nun hast du schon durch die Gnade Gottes ein Element, welches das Wasser ist und auch die *Reduction* oder Wiederbringung des Körpers in ein flüssiges Wasser.

Von dem andern Wort der Philosophen

Das andere Wort ist, daß aus dem Wasser Erde wird mit gelinder und kleiner Kochung die so oft zu wiederholen, bis die Schwärze oder schwarze Farbe darauf sich erzeiget. Denn wie *Avicenna* sagt im dem Kapitel von den Feuchtigkeiten; wenn die Wärme ihre Wirkung in dem feuchten Körper herfür bringet, so gebieret sie und macht erscheinen die schwarze Farbe, wie man an dem Kalk ersehen kann, die man gemeiniglich machet.

Derowegen sagt *Morienus*, ich ersuche und vermahne diejenigen, so nach mir kommen, daß sie die körperlichen Dinge unkörperlich machen, durch die Dissolution, in welcher man mit Fleiß darauf acht haben soll, daß der Geist sich nicht in einen Rauch verwandele, und durch allzu großes Feuer und Wärme nicht verloren werde. Zu welchem Ende Maria spricht: Verwahre den Geist wohl, und gib acht, daß nichts durch den Rauch davon gehe, und soll das Feuer eingerichtet und temperieret sein, nach der Art der Sonnen-Wärme, in dem Monat Julio; damit durch lange und liebliche Kochung das Wasser sich eindicke, und zur schwarzen Erde werde und sich verwandele; durch dieses Mittel wirst du das andere Element haben, welches ist die Erde.

Von dem dritten Wort der Philosophen

Das dritte Wort, das von den Weisen herkommt, ist die Reinigung oder Säuberung der Erde, davon *Morienus* sagt; diese Erde mit ihrem Wasser kommmt zur *Putrefaction* und reiniget sich und wird sauber, und wenn sie wohl gereiniget ist, so wird das ganze Geheimnis durch die Hilfe Gottes wohl regieret: so sagt auch *Hermes*: Der *Azoth* und das Feuer machen den *Laton* weiß und benehmen ihm die Schwärze. Und darum sagt *Morienus*, machet den *Laton* weiß, und zerreißet euere Bücher, damit euch eure Herzen nicht zerrissen werden. Dieses ist die *Composition* aller weisen Philosophen, und das dritte Wort des ganzen Werks. Setzet zusammen wie in der *Turba* gesagt wird; die Trockenheit der schwarzen Erde, mit der Feuchtigkeit ihres eigenen Wassers, und kochet sie, bis daß sie weiß gemacht worden, und also hast du das Wasser und die Erde, die mit dem Wasser weiß gemacht worden ist.

Von dem vierten Wort der Philosophen

Das vierte Wort der Weisen, ist das Wasser, welches durch die *Sublimation* wird aufsteigen können, nachdem es dicke gemacht und *coagulieret* worden mit der Erde, und also hast du die Erde, das Wasser und die Luft, und dieses ist, was *Philippus* in der *Turba* sagt: Machet es weiß, und *distillier*et es geschwinde durch das Feuer, bis daß von ihm heraus gehe ein Geist, den ihr ihm finden werdet, welcher genennet und geheißen wird die Asche des *Hermes*; dahero sagt auch *Morienus*, verachtet die Aschen nicht, denn sie ist das Kleinod deines Herzens, und die bleibende Asche; und in dem Buche genannt *Lilium* stehet geschrieben, wenn das Feuer vermehret worden durch eine gute Regierung und Wartung, nachdeme es zur Weiße gekommen, da es zu der Inceration kommen, nämlich zu der Farbe der Aschen, welches genennet wird die *calcinierte* Erde, derowegen saget *Morienus*, auf dem Grund und an dem Boden bleibet die *calcinierte* Erde; welche von der Natur des Feuers ist, und also hast du in den obgedachten Sätzen oder Vorträgen die vier Elemente, nämlich das aufgelöste Wasser, in der aufgelösten Erden, die subtile Luft in dem *calcinierten* Feuer; Von diesen vier Elementen sagt auch *Aristoteles* in dem Buch von der Regierung oder Amtsverwaltung der Prinzen an den *Alexandrum*: Wenn du wirst das Wasser von der Luft erhalten haben, und die Luft vom Feuer, und das Feuer von der Erden, so wirst du ganz und vollkömmlich die Kunst der Weisen haben, und dieses ist das Ende der ersten *Composition*, als *Morienus* saget.

Von dem fünften Wort der Philosophen

Nun wollen wir kommen und weiter fort schreiten zu der andern *Composition*, welche zeiget das Gewicht zu machen, und sie erste *Composition* zu *tingieren* und lebendig zu machen, in Ansehung dessen sagt *Calib*: Niemand hat können noch wird können hernach *tingieren* die geblätterte Erde, ohne allein mit Gold. Derohalben befiehlet *Hermes* und spricht, säet euer Gold in die weiße geblätterte Erde, welche durch die *Calcination* gemacht wird von der Natur des subtilen Feuers, und von der Natur der Luft. In diese Erde nun säen wir das Gold, wenn wir die *Tinctur* des Goldes ihr zu bringen. Es kann aber das Gold nimmer vollkommen *tingieren*, einen andern Körper, so viel an ihm ist, oder aus seiner eigenen Kraft, wenn es nicht durch die Kunst vollkommen gemacht worden: um dieser Ursachen willen sagt *Morienus*; ob gleich dieser unser Stein in sich schon natürlicher Weise die Tinktur hat, maßen er an dem Leibe ganz vollkommen geschaffen ist; jedoch hat er an sich selber keine Bewegung, wenn er nicht eine größere Vollkommenheit empfinge durch die Kunst der Hand, oder durch Kunst und gewisse *Operation*. So sagt auch Geber im Buch der Wurzeln; zu diesem Ende geschieht die Arbeit, damit eine bessere und vollkommenere *Tinctur* des Goldes gemacht werde, mehr als es nicht in seiner eigenen Natur, und damit auch das *Elixier* gemacht werde, nach dem Gleichnisse oder dunkeln Reden der Weisen, und daß eine zusammen gesetzte *Confectur* von der Art des Steins, und eine *Medicin* gemacht werde zu heilen, zu reinigen und zu verkehren oder zu verwandeln alle Körper in wahre Lunam. Es ist aber die Frage, ob wir allein das Gold und keinen andern Körper vonnöten haben: höre und vernimm was *Hermes* saget: Sein Vater ist in der ersten *Composition* die Sonne, und seine Mutter ist der Mond; der Vater ist heiß und trocken, und gebieret die *Tinctur* und seine Mutter ist kalt und feucht, die ernähret, was da geboren ist: daher sind Gold und Silber an sich und von ihrer Natur schwer zu schmelzen, und wenn sie zusammen gesetzet werden, als wie die Lötung geschieht mit dem Golde, alsdann werden sie behende aufgelöset, daher sagt Maria: Nehmet den Körper, tut darauf den klaren *Mercurium*, welcher nicht gefasset noch gehalten wird, als durch die *Putrefaction*; und nimm auch die *Tinctur* des Geistes und setzet sie zum Feuer, bis alles fließe, und wirf geschwind sein Weib darauf, nämlich die Lunam. Derowegen, so eines von ihnen in unserm Stein gefärbet wäre, so würde nimmer die *Medicin* leicht fließen oder flüssig werden, und würde auch keine *Tinctur* geben. So dem nun also ist, daß unser Gold das endliche und fürnehmste Geheimnis ist, so mußt du deine *Medicin* haben, ehe der *Mercurius* augenscheinlich flüchtig sei, durch die Schmelzung; wahr ist es, daß die Zusammensetzung dieser beiden Körper notwendig ist in unserm Werk, derowegen, wie Geber vollkommen im Buch der Kunst saget: ist es das allerköstlichste der Metallen, denn es ist die *Tinctur* zum Roten, die da alle Körper verwandelt, und weil es der Sauerteig ist, der da die ganze Massa oder Teig in seine Natur verwandelt, so muß man es kochen, das ist die Seele, welche den Geist mit dem Leibe vereiniget; denn gleicher Weise, wie der menschliche Leib ohne Seele tot und unbeweglich ist, also ist auch der unreine und unsaubere Körper ohne seinen Hefel oder Sauerteig, der da seine Seele ist, denn der Sauerteig des zubereiteten Körpers verkehret die ganze Massa oder Teig in seine Natur, und es ist kein anderer Sauerteig ohne die Dinge, die zu der Sonnen und dem Mond eigentlich gehören, als die da über alle Planeten herrschen. Gleicher Gestalt herrschen diese beide Körper über alle andern Körper, und verkehren sich in ihre eigene Natur, und derowegen werden sie das *Ferment* oder der Sauerteig genennet, denn ohne dieselben können die *Gummata* nicht corrigieret noch verbessert werden, also daß *Meridius* geschrieben und gesaget hat: Dieses kann nicht korrigieret noch verbessert werden, wenn es nicht erst durch die Kunst und Arbeit subtil gemacht wird. Um dieser Ursachen willen sagt *Hermes*; Mein Sohn, *extrahiere* und ziehe den eigenen *Ambra* aus der Sonnen-Strahlen, nämlich die *Terrestreität* oder Irdischheit oder die irdische Natur, gleicher weise ist uns die

Zubereitung und Subtilmachung des *Ferments* und Sauerteigs nötig wie wir sehen und vernehmen, durch die Gleichnis von einem Kinde, welches was seine Erschaffung anlanget, vollkommen geboren wird; es kann aber nicht zur Vollkommenheit der Wirkung oder des Lebens kommen, wo es nicht erst mit ein wenig Milch gesäuget und erhalten wird, hernach mit ein wenig mehr und also weißlich nach und nach, nachdem es größer wird, und zunimmt, also gebühret sichs auch allenthalben mit unserm Stein zu tun. Nimm derowegen im Namen Gottes den vierten Teil von dem *Ferment* der Sonnen: nämlich einen Teil des besagten *Ferments* und drei Teil des unvollkommenen Körpers, nämlich der *Luna*, und löse das *Ferment* auf, bis daß es worden ist als wie der unvollkommene Körper, und daß der Mund des Gefäßes wohl verwahret sei, durch Mittel und Ordnung, wie ich zuvor gesagt habe, und die *Praeparation* geschehe zu allen Dingen, welches *Hermes* befiehlet, wenn er saget: Nimm im Anfange deines Werks frische und gleiche Teile von der Vermischung, und vermische alles zusammen und stich oder brenne es einmal, bis daß sie gleichsam durch Vermählung zusammen gebracht sind und in ihnen eine Empfängnis geschehe, an dem Boden des Gefäßes und die Gebärung des gezeugten Dinges in der Luft geschehen sei, davon *Morienus* saget; Verschaffet, daß im Anfang das rote Licht empfahe und ergreife den weißen Rauch in einem gar starken Gefäß durch eine feste Vereinigung ohne Ausdämpfung desselbigen, und dieses ist das fünfte Wort.

Von dem sechsten Wort der Philosophen

Das sechste Wort der Weisen ist, wenn du zusammen setzen wirst den vierten Teil des subtil gemischten *Ferments* mit drei Teilen der weiß gemachten Erde, und hernach es mit seinem eigenen Wasser wie zuvor *imbibieren*, und so oft durch Wiederholung kochen, bis aus zweien Körpern eins worden ohne Mannigfaltigkeit oder Unterschied der Farben; dahero *Morienus* sagt: Wenn der Weiße Leib wird calcinieret sein, so setze ihm zu den vierten Teil des *Ferments* des Goldes, denn das *Ferment*, nämlich Gold, ist gleichsam wie der Sauerteig des Brotes, welcher die ganze Massa oder Menge des Teiges in seine Natur verkehret; koche ihn denn in seinem eigenen Wasser, bis es alles ein Ding und ein trockener Leib geworden ist; denn wie Maria sagt, wenn die Luft es berühret oder anschläget, so *coagulieret* sie es und wird ein Leib werden, und dieses ist das Geheimnis: wisset, daß alle sein *Ferment* seinem Leibe gegeben worden, welcher seine Seele ist. Welches auch *Morienus* sagt: Wo du nicht den gereinigten Leib bis auf den Grund tust und stößest, und ihn nicht weiß machest, und nicht die Seele in ihn bringest, so hast du noch nichts gefasset, und verstehest noch nichts in diesem Geheimnis: so muß denn nun darum die Vermischung des *Ferments* mit dem gar saubern und reinen Leibe geschehen, nicht aber mit dem unsaubern und unreinen oder befleckten Leibe: denn wie *Basius* sagt: Diese Leiber können einander nicht annehmen noch sich mit einander vermischen, wo sie nicht erst gesäubert und wohl gereiniget werden, denn der Leib nimmt den Geist nicht an, noch der Geist den Leib, also, daß das Geistliche leiblich, und das Leibliche geistlich werde, wo sie zu erst nicht wohl gesäubert und vollkommen gereiniget werden, von aller Unsauberkeit und Befleckung, wenn sie aber wohl gesäubert und gereiniget worden, so umfähet der Geist den Leib und der Leib den Geist alsbald und ganz geschwind, und kommt man durch sie zur vollkommenen *Operation*, Arbeit und Werk.

Denn also wird gemacht die Veränderung durch die Natur, und was grob und dicke war, wird subtil und wohl dünne gemacht: welches auch *Ascanius* in dem Buch der *Turba* sagt: Der Geist vereiniget sich nicht mit dem Leibe, bis der gemeldte Leib nicht vollkommen gesäubert und gereiniget sei, von seiner Unreinigkeit und Unsauberkeit. Was die Stunde ihrer Zusammensetzung anlanget, so erscheinen und zeigen sich dabei viel wunderbare Dinge, alsdann nimmt der unvollkommene Leib eine beständige und bleibende Farbe an vermittelst des *Ferments*, welches *Ferment* die Seele des vollkommenen Leibes ist. Und der Geist vermittelst der Seele vereiniget und verbindet sich mit dem Leibe, und verkehret sich mit ihm in die Farbe des *Ferments* und wird aus ihnen ein Ding. Dieses süße *Elixier*, wie *Avicenna* sagt, das sich mit seiner eigenen *Tinctur* tingieret, tauchet sich unter, und verschenket sich in seinem Öl, und fixieret sich mit seinem Kalk, dessen Wasser wir befunden haben ganz, wie das Quecksilber ist unter den *Mineralien*: und sein Öl wie der Schwefel oder *Arsenicum* ist; Aber in den Mineralien geschieht die *Operation* besser, häufiger und subtiler. Von diesen Rotis oder Wiederholungen und Verwandlungen hat auch Maria geredet; in diesem Werke geschehen lauter Wunder-Dinge, denn zu denselben kommen vier Steine, darüber ein König die Regierung und Herrschaft hat durch die obgemeldten Dinge: davon demjenigen kund und offenbar ist, welcher wohl und subtil acht hat, und sein Absehen richtet auf das, was die *Philosophi* gesaget und geschrieben haben, und wahrhaftig ist in ihren dunklen Worten, denn sie sagen, daß unser Stein sei von den vier Elementen, und haben ihn mit den gedachten Elementen verglichen, und anfangs ist in gemein gewiesen worden, daß vier Elemente in demselbigen sein, denn wie *Rhasis* sagt: Alle Dinge, welche unter dem Himmel des Mondens von dem Allerhöchsten und Allherrschenden Schöpfer erschaffen sind, die haben Anteil an den vier Elementen, nicht zwar, daß sie dem Gesichte scheinbarlich zu sehen sind, sondern in der Wirkung erkennet werden. Denn der Stein ist ein einiges Ding, nur ein Wesen, eine Wurzel, und eine Natur, wie *Hermes* sagt: Fange im Namen Gottes an, und erkenne die Natur unsers Steins, denn er kommt her aus der Wurzel seiner Materie, denn er ist in derselben, und von derselben, und es kommt nichts in denselben, was nicht aus derselben heraus gangen und kommen ist. Wahrhaftig es schicket sich nichts zu einer Sache, ohne das, was ihr am nächsten und ihrer Natur ist, dann ein jedes Ding liebet seines gleichen, zu welchem Ende Plato saget: Es ist eine Substanz und ein Wesen, welches nur ein einiges Ding ist, warm und trocken, kalt und feuchte, immaßen es genennet und geheißen wird, die kleinere oder kleine Welt, denn von ihm und in ihm, und mit ihm, und durch ihm sind alle Metallen; es ist eben wie ein Baum, dessen Zweige und Blätter, Blüte und Früchte von ihm, und durch ihm sind, und ist alles dergleichen; es ist wahr daß kein Ding anders nicht gezeuget wird, als von seines gleichen, oder von einem Dinge seiner Art, welches an sich *Homogeneisch* oder gleiches Geschlechts ist, nämlich einerlei Natur. Also ist diese Sache nur eine einige und gleiche, nicht aber unterschiedlich nachgeteilet; es haben aber die *Philosophi* diesen Stein mit dem Namen aller leiblichen Dinge und aller Arten genennet. Daher sagt *Pythagoras*; Dieser Stein wird mit allen Namen genennet; unter denen allen doch nur ein einiger eigener Name ist.

Diese Luna wird mit unterschiedlichen Namen genennet, und doch ist ihre Natur nur eine, wie ihr in dem Text finden werdet

Diese Luna, Seele, und Wasser wird mit allen Namen geheißen und genennet, ob sie schon unter denselben nur einen hat, aber nach Aussage des *Parier*, so lasset die Vielfältigkeit der finstern und dunklen Namen fahren; denn es ist mehr nicht als eine Natur, welche alle Dinge übertrifft, und nicht unterschiedliche Naturen; was diese Ding verbessert, ist wahrlich nur eine Natur, welche es wachsen und vermehren machet, derohalben wie *Diomedes* sagt, die Natur wird nicht verbessert und *corrigieret*, als in ihrer Natur, zu welcher ihr kein ander fremdes Pulver noch unterschiedlich Ding dazu bringen sollet, welches fremde ist, und daß es nicht *corrigieret* oder verbessert, sondern daß dasselbige grünen oder wachsen machet und vermehret: wie also Maria bezeuget, wenn sie saget: Der weise *Kibeit* und der feuchte Kalk, welche nur ein Ding sind, und von einer Wurzel, sind die Wurzeln dieser Kunst, und die *Philosophi* haben diese Dinge mit vielen Namen genennet, unter denen doch nur ein einiges Ding ist, wie *Morienus* sagt: Ich sage euch die Warheit, daß kein ander Ding in Irrtum geführet oder fehlen gemacht die heutigen und neuen Philosophos, als nur die Menge und Vielheit der Namen, wisset aber ihr *Philosophi* alle, daß diese Namen anders nichts sind als erscheinende Farben in der Conjunction und Zusammensetzung. Und also wirst du nicht irren noch fehlen auf dem Pfad und Wege des Werks; und ob schon die *Philosophi* ihre Sprüche und Namen vervielfältiget, jedoch verstehen sie nur ein einiges Ding, und einen Weg, und ein Mittel zu arbeiten, und eine Vorstellung und Erzeigung der Farben. Und merket, daß dieser Unterschied der Farben nicht erscheine noch sich erzeige, ohne allein in der Zusammensetzung der Seele mit dem Leibe; immaßen *Morienus* sagt:

Das Feuer erneuert in ihm auf einmal allerlei Farben; Sie haben auch gesagt, daß unser Stein aus dem Leibe, Seel und Geist sei, und also haben sie die Wahrheit gesagt, denn der unvollkommene Leib ist an sich ein schwerer und wichtiger Leib, ungestalt, krank, und tot.

Das Wasser, das ist der Geist, der da den Leib reiniget, subtil und weiß machet; das *Ferment*, das ist die Seele, welche dem unvollkommenen Körper das Leben gibt, das er vorher nicht hatte, und bringet den gedachten Leib zu einer bessern und fürtrefflichern Form: Der Leib ist die *Venus* und das Weib, und der Geist ist *Mercurius*; Derhalben sage *Morienus*: Man kann den *Mercurium* nicht haben, als von den geschmolzenen und durch die Schmelzung aufgelösten Leibern, nicht zwar durch die gemeine und gewöhnliche, sondern allein durch diejenige, welche dauret und bleibend ist, bis so lange der Mann und Weib sich mit einander vereiniget haben: welches denn währet bis zum Weisen oder bis zu der Weißmachung; und merke, daß der Leib ganz geflossen und geschmolzen ist, wenn in der Kochung die Schwärze erscheinen wird; derowegen sagt *Boellus*; Wenn ihr sehen werdet, daß die Schwärze herfür kommet und beginnet zu erscheinen, in dem gemeldten Wasser, so wisset, daß der Leib schon geschmolzen und aufgelöset worden: kochet ihn bei gelindem Feuer und mäßiger Wärme, in seinem Wasser, bis er mit seines gleichen Dunst eintrockne, und ein Ding daraus wird, welches die Vollkommenheit in ihm einführen wird, der Geist aber kehret zu sich den *sublimierten* und durchdrungenen Leib, und derowegen wird es das bleibende und durchdringende Wasser, und das Wasser des Lebens genennet; darum spricht *Dardarius* im Buch der *Turba*: Der *Mercurius* das ist das bleibende Wasser, ohne welches nichts gemacht wird; denn seine Kraft ist ein geistliches Blut, das sich mit dem Leibe vereiniget, und ihn in einen Geist verkehret, durch die Vermischung, die mit einander geschieht, und wenn sie in eins gebracht worden, verwandeln sie sich eines in das andere; denn der Leib machet den Geist leiblich, und der Geist verwandelt den Leib in einen Geist, *tingieret* und färbet ihn wie Blut; denn alles was Geist hat, das hat auch Blut, und das Blut ist eine geistliche die Natur stärkende Feuchtigkeit, und wisset, je mehr der Leib gekochet und *temperieret*, der gewaschen wird in seiner eigenen Feuchtigkeit, je klärer und besser wird er auch erscheinen. Es ist aber nichts, wie *Morienus* sagt, daß dem *Laton* seinen Schatten wegnehmen kann, als der *Azoth*, wenn er mit ihm so lange gekocht wird, bis er ihn färbet und weiß machet wie Fischaugen, denn alsdann erwartet er, daß seine Kraft in die Natur seines *Ferments* verwandelt werde.

Merke aber, daß das *Ferment* ist das fixe Wasser, welches den Stein färbet und tingieret, denselben lebendig machet, umfähet und hält. Darum sagt *Maria*: Der fixe Leib ist von der Materie des *Saturni*, welcher da begreifet die Kochung oder Scheidung der *Tincturen* und Farben, und vollbringet die Weisheit der Weisen, ohne welchen fixen Leib dieses Geheimnis nicht zum *Effect* kommt, bis so lange die Sonne und der Mond zusammen in einen Leib vereiniget werden. Denn das Kunststück dieser Kunst, wie *Euclides* sagt, lieget und bestehet ganz allein in dem Golde und *Mercurio*, denn wenn dieselben mit einander vereiniget und zusammen gesetzet werden, so haben sie eine unendliche *Tinctur*. Denn in dem Werk erlanget er eine vermischte Farbe, und wenn er in dem Weißen sich ausgebreitet hat, so verkehret er einen großen Teil von dem Weißen in die citronengelbe Farben; welches man erfahren kann, wann du von dem Blut unter Milch und Wasser tust: weil nun alsdann das Feuer mit dem Wasser vermischet ist, so werden viere sein, hernach mache davon, daß dieses alles mir eins sei, so wirst du gelangen zu dem was du suchest, denn alsdann wird ein Leib gemacht sein, der schwach ist über dem Feuer, und der nicht schwach ist, und wird Friede über ihm sein; aber die Zubereitung oder Praeparation dieser Dinge vom Anfang bis zum Ende ist das löbliche fixe Wasser; denn es zeiget offenbarlich seine *Tinctur* in seiner *Projection*, und dieses ist der Mittler, oder das Mittel-Ding zwischen wiederwärtigen Dingen, und ist auch der Anfang, das Mittel, und das Ende in dem ersten, mittlern, und letzten Dinge, wer aber dieses verstehet, der fasset die Weisheit. Es haben weiter etliche *Philosophi* gesagt: Wo ihr nicht die Leiber verwandelt, daß sie nicht Leiber sein, und machet, daß die unleiblichen Leiber bekommen, so habet ihr noch nicht gefunden die Richtschnur und den Weg der Warheit. Und was dieses betrifft, so sagen die *Philosophi* die Warheit, darin stehet die *Operation* und Arbeit: denn der Leib wird erst zum Wasser gemacht und gebracht, und also wird das leibliche Ding unleiblich gemacht, nämlich zum Geist; und danach in der Conjunction oder Zusammensetzung wird der Geist, nämlich das Wasser gemacht zum Leib; und derohalben sagt *Hermes*: Verkehre und verwandele die Naturen, so wirst du finden, was du suchest. Und das ist wahr: Denn in unserer Kunst und Geheimnis machen wir erst aus einem groben Dinge ein dünnes und gar subtiles, das ist, von dem Leibe machen wir Wasser; Und danach von dem feuchten Dinge ein trockenes, nämlich von dem Wasser eine Erde, und also verkehren und verwandeln wir die Naturen: denn aus dem leiblichen machen wir ein geistliches Ding, und von dem geistlichen ein leibliches. Und dieses ist, was eben derselbige sagt, unser Werk ist eine Verkehrung und Veränderung der Leiber von einem Dinge in ein ander Wesen, und von einem Dinge in ein anders, von der Schwachheit in die Macht und Stärke, von der Grobheit und Dichtheit in die Weiche und Zartheit, von der Leiblichkeit zur Geistlichkeit, gleicher Maßen als wie in dem Samen des Mannes in der Mutter der Frauen, durch ihre natürliche Vereinigung eine Verkehrung und Verwandelung geschieht eines Dinges in das andere, bis ein vollkommener Mensch *formieret* und gebildet wird, dessen Wurzel und Anfang er gewesen ist, und sich weder von ihm verändert, noch von seiner Wurzel eine Teilung geschieht; denn wie *Aristoteles* sagt: Alle Gebärung geschieht von Dingen, so in der Natur dazu gehören, welches wahr ist, auch in der Gebärung der Metallen selber. Um dieser Ursachen willen sagen die *Philosophi*: Lasset nichts fremdes und was nicht dazu gehöret, dazu kommen, denn solches würde alles verderben und zerstören. Darum spricht der König Aros, daß man es mit nichts anders zusammen fügen solle, als mit seinem edlen Schwefel, der seines gleichen ist, weil derselbe von ihm herkommt: hernach machen wir, daß das, was oben ist, eben so ist als das, was unten ist, und also auch im Gegenteil, und alles verkehret sich in eine Erde; und um dieser Ursachen willen spricht *Hermes*: Was oben ist durch die *Sublimation*, ist eben wie das, was unten ist, durch die Herabsteigung, oder Erniedrigung: und was unten ist, durch die *Constipation* ist eben wie das, was oben ist durch die Aufsteigung oder Emporhebung, Wunderdinge aus einem Dinge zu zubereiten. Das Wasser und die Erde haben den untern Ort inne, die Luft und das Feuer steigen empor; das Wasser und die Erde empfangen und ernähren; die Luft und das Feuer tun die Wirkung, vereinigen und setzen zusammen, und diese viere in unserm Stein stimmen zusammen und kommen überein. Allermaßen als Senior sagt: Daß die vier Elementen in unserm Stein gereiniget werden: denn in demselbigen ist das fixe Wasser, die Luft, die stille ist, die Erde feste, und das Feuer umgibt es alles. In solcher Wiedereinanderstreitung in demselben kommen sie überein, nämlich diese vier Naturen sind in demselben, und werden dadurch alle geboren. Ist demnach offenbar aus den vorgemeldten Dingen, daß unser Stein aus den vier Elementen bestehe. Die *Philosophi* haben auch gesagt, daß unser Stein aus den vier Elementen sei, die besagter maßen in sich begreifen, Leib, Seel und Geist. Und sie sagen, daß diese drei Dinge einerlei Natur seien, und von einer Materie und Wesen mit einem Wasser, und einer Wurzel: davon sie wahrlich die Wahrheit sagen: denn unser ganzes Geheimnis und Werk wird mit unsern Wasser gemacht, und von demselben und durch dasselbe sind alle notwendige Dinge; denn es löset den Leib auf, nicht zwar durch gemeine und gewöhnliche Auflösung, wie die Unwissenden dafür halten, daß sie in ein Wolken-Wasser zerfließen, sondern durch eine wahre Philosophische Auflösung, nämlich, daß sie sich in ein *unctuosisch* und leimichtes Wasser verkehren, von welchem anfangs die gemeldten Leiber herkommen und erschaffen werden: deshalben sagt Socrates: Das Leben aller Dinge ist Wasser, denn dieses Wasser macht die Auflösung des Leibes und des Geistes, und macht aus einem toten Dinge ein lebendiges. Das ist der allerstärkeste und schärfer als der allerschärfste Essig. Kochet ihn bis er dicke wird, aber sehet dennoch wohl zu, daß der Essig sich nicht in einen Rauch verwandele, und daß er verloren gehe, oder ganz und gar verschwinde. Über dieses verwandelt und verkehret eben dieses Wasser die Körper in Aschen, und machet sie auch zu Pulver, und *incerieret* sie, als der König *Martas* spricht: Unser Wasser *coagulieret* die Leiber und macht sie schwarz, und dasselbige Wasser waschet und säubert alle Leiber, und nimmt alle Schwärze hinweg, und färbet die ganze Materie weiß und macht sie rot, und machet alle tote Dinge lebendig zu einem ewigen Leben, und um dieser Ursachen willen wird es sehr hoch geschätzet und erhoben: denn unter allen Dingen ist es dasjenige, welches die allergrößten und wundersamsten *Operationes* tut. *Morienus* sagt: *Azoth* und das Feuer machen den *Laton* weiß, und nehmen von ihm hinweg alle Dunkelheit: aber der *Laton* ist ein unreiner und gar unsauberer Leib, aber *Azoth* ist *Mercurius*. Weiter setzet dieses Wasser unterschiedliche Körper zusammen, wenn sie *praepariert* werden, als wie gesagt worden, durch solche Vereinigung daß die Hitze des Feuers sie nicht überwältigen könne; das obegemeldte Wasser machet eheliche Verbündnüsse zwischen dem Leibe und *Ferment*, und von diesen beweget und verwandelt sich eins ins ander, und verwehret die *Confusion* und Verbrennung des Feuers, denn wenn die Erde *calcinieret* und weiß gemacht worden ist und in die Höhe steiget, wird sie geistlich und lüftig gemacht, oder von der Natur der Luft vermittelst welcher sie ein geistlich und lüftig, unverderbliches und durchdringendes Ding wird, dahero sagt *Hermes*, das Wasser von der Luft, wenn es zwischen dem Himmel und der gegenwärtigen Erde ist, ist das Leben aller Dinge, denn es ist der Mittler zwischen dem Feuer und dem Wasser durch seine Wärme und Feuchtigkeit, darum dieses Wasser Feuer empfähet, weil es wegen der Wärme dem Feuer nahe ist, und noch näher dem Wasser wegen der Feuchtigkeit, und deshalben macht es ehliche Verbündnis zwischen dem Mann und dem Weibe, denn der Geist an der Subtilheit bestehet in der Schönheit und Wohlgestalt der Luft. So machet demnach das Wasser der Luft den Toten lebendig und macht eheliche Verbündnis, und beschirmet die Zusammensetzung vor der Verbrennung des Feuers, und derowegen haben die *Philosophi* gesagt: Verwandelt das Wasser in Luft, damit Leben mit Leben gemacht werde, sintemal dasselbige Leben und Geist ist, wenn es wird eingangen sein; so *sublimieret* nun unser Wasser die Leiber, nicht durch gemeine *Sublimation*, welche die Idioten und Unwissenden verstehen, welche glauben und vermeinen, daß unsere *Sublimation* in die Höhe gestiegen sei, vermittelst welcher sie die *calcinierten* Körper nehmen, und sie mit den *sublimierten* Geistern vermischen, nämlich mit Schwefel, *Mercurius* und Wasser, *Sal amoniac*, *Arsenicum*, diese setzen und vereinigen sie zusammen, dergestalt, daß sie durch Gewalt des Feuers solche *Sublimation* machen, daß die Leiber mit den Geistern aufsteigen, und sagen alsdann, daß die Leiber und Geister *sublimieret*, und sehr wohl gereiniget und gesäubert sind von ihren Überflüssigkeiten: Aber sie irren und betrügen sich; denn hernach finden sie denselben viel unreiner und befleckter, als er zuvor nicht gewesen; dann die Kunst ist schwächer als die Natur, um dieser Ursachen willen sagt *Albertus Magnus*, im Buche von *Mineralien*: Wann die dazu nicht gehörigen Feuchtigkeiten von der Substanz oder Schwefel durch Kunststück und Tugend der Natur gereiniget worden, so können sie nicht besser gereiniget werden durch Kunst: sintemal das Kunststück der Natur viel subtiler und gewisser ist als alle Kunst. Darum ist unser Mittel zu *sublimieren* der Philosophen Werk, nämlich von einem kleinen, schlechten und verderbten Dinge ein großes zu machen, nämlich ein und von großer Vollkommenheit, und Fürtrefflichkeit, gleich als wenn wir sagen; dieser ist erwählet und kommen zu einer solchen Staffel der Würde: Also sagen wir auch: Die Leiber sind *sublimieret*, das ist, subtil gemacht, und in eine andere Materie verkehret. Darum ist *sublimieren* eben so viel als subtil machen, welches alles ganz und gar unser Wasser tut. In Anlehnung dessen sagt *Morienus*: Unser Wasser nimmt hinweg den Stank von dem toten Leibe, welcher keine Seele hat, und wenn das bemeldte Wasser die Seele wird weiß gemacht, und mit Bewahrung des Leibes *sublimieret* haben, so nimmt es allen üblen Geruch von ihm hinweg.

Alchimedes sagt: Nehmet die Materie von diesen eigenen *Mineren*, und *sublimieret* sie in ihre hohe Örter: Schicket sie aufs höchste dieser Berge, und führet sie wieder zu ihrer Wurzel, alsdenn ist *sublimieren* nichts anders als eine grobe Materie subtil machen: deswegen sagt *Hermes*: *Sublimieret* subtil und mit großem Verstande, und scheidet das Subtile von dem Dicken; denn es steiget von der Erden auf gen Himmel, und hernach wieder herunter in die Erde, und empfähet die obere Kraft der Hoheit, damit es in die untere der Schwere durchdringen möge, allda zu bleiben und sich aufzuhalten: verstehet dennoch auf diese Weise die *Sublimation* der Weisen, den ihrer viel sind hierinnen verführet und betrogen worden.

Ferner tötet unser Wasser die Leiber, und macht sie wieder lebendig, und führet sie nach dem Niedergang, und bringet sie danach wieder nach Orient oder dem Aufgang, es machet das, daß die schwarzen Farben, in der Tötung erscheinen, wenn sie sich in eine Erde verkehren, indem es die *Putrefaction* oder Fäulung vermehret. Darauf hernach viel unterschiedliche Farben erscheinen vor der Weißmachung; derer Farben Endschaft die Weise ist, welche beständig und bleibend ist. Denn eben wie das Weizen-Körnlein, wenn es in die Erde gesäet wird, einmal tot ist oder getötet wird, hernach aber eine große Frucht bringet: es bringet nämlich viel Körner herfür; wenn es aber nicht tot ist, so bleibet es ganz allein; gleicher Gestalt verwandeln sich auch die Samen aller Dinge, die auf Erden herfür kommen und wachsen, und verfaulen, bis die Verderbung in dieselben eingangen und eingeführet worden, darauf grünen sie herfür und vermehren sich in demselbigen Samen, von dem sie Wurzeln und Anfänge gehabt haben; gleichermaßen nähret sich auch unser Wasser es faulet und verderbet, und hernach wenn es wieder herfür grünet, so erwecket und macht es sich sich selber wieder lebendig. Dahero saget *Calib*: Als ich gesehen habe, daß das Wasser sich selber *coagulierte*, da hab ich ganz gewiß erkennet, daß die Wissenschaft da wäre: und aus diesem Urteile, und Zeichen habe ich erkennet, daß das Geheimnis wahrhaftig wäre. Kochet demnach dieses Wasser mit seinem Leibe, bis daß seine Feuchtigkeit ausgetrocknet ist durch das Feuer; und trocknet es dergestalt, bis man sehen und erkennen könne, daß es seine eigene Geister zusammen gesammlet und umfasset hat, und daß es seine Wohnung gemacht in der Wurzel seines Elements, welches sein wird, wenn du den weißen und zarten Leib wirst getötet haben, alsdann wird das Wasser geistlich sein, nachdem es die Macht hat, die Naturen in andere Naturen zu verwandeln; und alsdann wird es die toten Körper lebendig machen, indem es dieselben grünend und fruchtbringend machet; über dieses ist unser Wasser unterschiedlicher und wunderbarer Farben, denn durch dasselbe erscheinen unterschiedliche Farben und erzeigen sich in so viel und großer Anzahl, daß es unmöglich ist dieselben zu ersinnen oder zu gedenken, denn alsdann begibt sich der Geist zu dem Leibe, vermittelst der Seele, und die Seele, die da aus den Körpern ausgezogen und gebracht wird, ist die *Tinctur* des Wassers; derohalben sagt *Senior*, in diesem Wasser ist die *Tinctur* der Färber, auf dessen Tuch die Feuchtigkeit davon gehet und sich weg machet durch das Austrocknen, und die eigene Tictur bleibet durch die Eindrückung; eine gleiche Beschaffenheit hat es auch mit diesem Wasser der Seele, welche die *Tinctur* herzu bringet, die man auf die weiße, dürstige, geblätterte oder abgeschäumte Erde setzet. Solche Erde hat *Hermes* genennet das Wasser des Schaums des Goldes und der Saffran-Blum, weil es seine *calcinierte* Erde färbet. Darum sagt er: Säet Gold in die weiße geblätterte Erde, davon man zu dem geistlichen Wasser kommt, und die Seele in dem Leibe bleibt, welche die *Tinctur* ist der Sonnen: denn diese Seele ist ganz als der subtile unempfindliche Rauch, welcher sich anders nicht erzeiget als durch die Wirkung, und seine Wirkung ist die Offenbarung und Erscheinung der Farben, und das Feuer wird von dem Feuer gezeuget, und ernähret sich im Feuer, und ist der Sohn des Feuers, und derowegen muß er zu Feuer gemacht werden, damit er das Feuer nicht fürchten dürfe; Eben als ein Kind sich wieder zu seiner Mutter Brüsten kehret. Etliche *Philosophi* haben auch unsern Stein geheißen das weiße Metall? Derohalben *Lucas* und *Ismindrius* in der *Turba* gesagt haben: Wisset alle, die ihr unsere Wissenschaft suchet, daß keine wahre *Tinctur* gemacht wird, ohne von unserm weißen Metall, welches aber nicht gemeines Metall ist; denn es verderbet und *corrumpieret* alles das, dem es zugesetzet wird, und macht es vollkommen; um dieser Ursache willen sagt *Plato*: daß alles Gold Metall ist, es ist aber nicht alles Metall Gold, denn in der Natur des Goldes ist es fast gleich dem Metall, was die Schwere oder Härte des Anrührens anlanget: aber in der Natur des Metalles ist nichts anders, als was in der Natur des Goldes ist durch die Verderbung, welche in der Erden ist, und in dem Meer wohnet: also daß unser Metall Geist, Leib und Seel hat, und diese drei Dinge sind nur eins, denn Geist, Seel und Leib sind eins; sintemal diese Seele ist Geist durch einen von einem, mit einem, welches seine Wurzel ist: so ist denn nun das Metall, der Weisen ihr vollbrachtes und vollkommenes *Elixier*, von Geist, Leib und Seel; derowegen, haben die *Philosophi* ihren Stein mit unterschiedlichen Namen genennet, auf daß derselbe durch die gelehreten und wahren Philosophen verstanden würde, und für den Unwissenden verborgen bliebe; sie mögens aber nennen, mit was für Namen sie wollen, so ist es doch nur ein und einerlei Ding. Wie *Morienus* bezeuget.

Es ist ein dunkeler verborgener und begrabener Stein in dem allertiefsten Ort eines Brunnens, welcher schlecht, geringe und gar nicht kostbar und mit Mist und Kot bedecket ist, welchem man, ob er schon nur ein einiger ist, dennoch alle Namen gibt; derohalben sagt der weise *Morienus*: Dieser Stein, der kein Stein ist, ist *animieret* oder hat eine Seele, und hat die Kraft zu zeugen und zu gebären. Dieser Stein ist ein Vogel, noch kein Stein und Vogel: Dieser Stein ist weich, und nimmt seinen Anfang, Ursprung und Herkommen von Saturnus oder *Mars*, von der Sonnen oder der Venus, und also ist der *Mars*, *Sol* und *Venus*. Dieser Stein allein ist hellglänzender und hellscheinender als alle andere. Verändert sich mehr als der Mond, denn jetzund ist er Silber, hernach Gold, und nimmt viel Arten und Formen an sich, als von dem Element des Wassers, vom Wein, vom Blut, von Kristall, Jungfrau-Milch, Menschen-*Sperma*, oder Samen, Essig, Knaben-Harn oder Gummi der Sonnen, dem allgemeinen Glanz derselben, treffenden Operment und machet das erste Element. Derhalben wird der vorgemeldte Stein genennet ein mit Schwefel gereinigtes und gesäubertes Meer, also werden demnach die Namen verändert und vermannigfältiget, weil sie solches Geheimnis den Toren und Unwissenden nicht offenbaren wollen, welches Geheimnis also verblümet und durch unterschiedliche Gestalten und Namen erkläret wird, damit die Weisen nicht betrogen, und das gedachte Geheimnis den Toren und Unwissenden nicht zu teil und offenbar werde.

Morienus sagt weiter: Unser Stein ist die *Confection* oder Zusammensetzung unsers gemeldten Geheimnisses, und der Ordnung nach ist er gleich der Erschaffung des Menschen.

Denn erstlich ist allda die Zusammenvereinigung, und 2. die *Corruption*, 3. die Schwängerung, 4. die Geburt des Kindes, 5. folget die Nahrung, verstehe derwegen, allerliebster Leser, wohl diese Wort und Vorbringen des *Morienus*, so wirst du in der Wahrheit nicht irren, noch fehlen, Öffne demnach die Augen, und siehe, und verstehe wohl diese Worte, und vernimm was der Same oder *Sperma* der Philosophen ist, er ist lebendiges Wasser, aber die Erde ist der unvollkommene Leib, welche Erde mit Wahrheit ein Meer genennet und geheißen wird, weil sie Elemente in ihr hat und begreifet, und weil, wenn der Same des *Mercurius* mit der Erde des unvollkommenen Leibes zusammen gesetzet und vereiniget worden, alsdann die Vereinigung genennet wird; denn zu dieser Zeit *solvieret* oder löset sich auf der Leib der Erden, oder die Erde des unvollkommenen Leibes in Wasser des Samens, und wird Wasser ohne einige Zerteilung; es wird auch an einem andern Ort gesagt; die Auflösung des Leibes und die *Coagulation* sind zwei Dinge, sie haben aber nur eine *Operation*, denn der Geist wird nicht *coagulieret*, als nur mit dem aufgelösten Leibe, so wird auch der Leib nicht aufgelöset, als nur mit der *Coagulation* des Geistes, und wenn der Leib und die Seele sich mit einander vereinigen und zusammen fügen, so wirket ein jedwedes wieder seinen Gesellen, in dergleichen tun, dessen ein Exempel ist die Erde und das Wasser, denn wenn sich die Erde mit dem Wasser zusammen füget, so bemühet sich das Wasser durch seine Feuchtigkeit und Kraft die Erde aufzulösen, und weil sie dieselbe subtiler macht als sie zuvor war, so machet es sie ihm gleich, sintemal auch das Wasser subtiler ist als die Erde.

Gleicher Gestalt tut die Seele in dem Leibe, und auf diese Weise wird das Wasser dicke mit der Erde, und der Erden gleich gemacht, was die Dicke anlanget, denn die Erde ist dicker als das Wasser: und um dieser Ursache willen ist zwischen der *Solution* der Erde und der *Coagulation* des Geistes kein Unterschied der Zeit, noch Zerteilung einigermaßen zu eröffnen, also daß eines ohne das andere sei, sondern allerdings, wie zwischen dem Wasser und der Erden in ihrer Vereinigung man nicht unterschiedliche Teil der Zeit, nach der Scheidung eines von dem andern in ihrer Wirkung erkennet, also scheidet sich auch der Same des Mannes nicht von dem Samen der Frauen in der Stunde ihrer Zusammenvereinigung: ebener maßen ist alles dieses ein wahrer Zweck und Ende, ein Tun, ein Weg, und ein Pfad, und gleiche *Operation* und Wirkung. Es stimmet alles miteinander überein; um dessen willen sagt der König *Merlin*; die zusammen Vereinigung bedeutet, und zeiget an die Vermischung und Geburt, und die Samen vermischen sich wie Milch, welches man hernach sehen kann, wenn die Vermischung vollkommen geschehen ist. Es dienet zu wissen und zu verstehen, daß wenn die Erde sich auflöset zu einem schwarzen Pulver, und dieselbe beginnet etwas von dem *Mercurio* bei sich zu behalten, alsdann tut und verübet der Mann die Handlung mit dem Weibe: das ist, der *Azoth* mit der Erde. Deswegen sagt *Aristeus* in der *Turba*: Die Männer zeugen nicht Kinder mit einander, so empfangen die Weiber auch nicht alleine, denn die Kinder-Zeugung geschieht durch Mann und Weib, eben dieses geschieht auch in zusammen gesetzten Dingen, denn die Natur erfreuet sich, wenn die Männer die Weiber nehmen und umfahen, so geschieht eine wahre Gebärung, nicht aber wenn man ohne Unterscheid und närrischer Weise einige Naturen mit andern fremden und ungleichen Naturen zusammensetzen wollte. Laß derowegen deinen von dir und allein deinen Kindern sehr geliebten Sohn *Gabricium* sich vereinigen und zusammen fügen mit seiner Schwester *Beya*, welche eine kalte, leibliche und zarte Tochter ist. *Gabricius* ist der Mann und

Beya ist das Weib, welches den gedachten *Gabricium corrigieret* und verbessert, weil er von ihr herkommen, und ob schon *Gabricius* wärmer ist als *Beya*, jedoch geschieht keine Gebärung ohne der *Beya*; wann nun *Gabricius* mit der *Beya* sich zusammen leget, ist er alsbald und unverzüglich tot: denn die *Beya* steiget auf den *Gabricium*, und hält ihn fest und verschleust ihn in ihrem Leib, also daß man das geringste nicht mehr von ihm sehen kann, durch so große und heftige Liebe hat sie den gemeldten *Gabricium* umfangen, daß sie ihn ganz und gar empfangen und in ihre Natur verwandelt hat, und hat ihn in unterschiedliche Stücke zerteilet und zertrennet, und dieses ist, was *Mörlinus* (an seinem Orte) saget.

Was in der Empfängnis war wie Milch, das verändert und verwandelt sich in Blut, und was weiß war, wird schwarz, und hierauf kommet die glänzende Röte.

Der dritte Punkt ist die Schwängerung, wenn die Erde durch die Herrschung und Regierung oder Kraft der Natur weiß gemacht wird: das Wasser und die Erde wächset und sich vermehret, und die Gebärung und Vermehrung des neuen Geschlechts geschieht, alsdann muß man die geschwärzte Erde waschen und säubern, und weiß machen mit der Wärme des Feuers: darum sagt *Haly*: Nimm, was herab gestiegen ist auf den Boden des Gefäßes, und wasche und säubere es wohl mit der Wärme des Feuers, bis die Schwärze hinweg genommen sei, und auch seine Dicke oder Grobheit, und laß davon ausgehen und fliegen oder auflösen allen Zusatz der Feuchtigkeit, bis es wie ein sehr weißer Kalk werde, an welchen kein Flecken oder Schmutz sei, denn alsdann ist die Erde lieblich und recht rein, die Seele zu empfahen.

Wenn die Schwängerung stärket und kräftiget, was beweget und verwandelt worden ist, nach der Empfängnis, so verspricht sie uns eine größere Vollkommenheit, und was wohl gereiniget ist, das verbindet und vereiniget sich mit gutem Frieden und Einigkeit.

Der vierte Punkt ist die Gebärung, wenn das *Ferment* der Seele sich mit dem Leibe vereiniget, nämlich dem Leibe oder der weißgemachten Erde, also daß aus allen nur eins worden, beides an der Substanz, und an der Farb, alsdann ist unser Stein geboren und gemacht, und hat ein ewiges Leben; denn alsdann ist der Geist vereiniget und zugefüget dem Leibe vermittelst der Seele, das ist die wahre Zusammensetzung, wie *Haly* saget: Dieses geschieht mit *Putrefaction* oder Faulung und Verehlichung, welche Verehlichung anders nichts ist als vermischen das Subtile mit dem Dicken, und die Seele mit dem Leibe zusammen fügen und *incerieren*; und die *Putrefaction* ist Kochen und Braten die Erde, und sie begießen oder anfeuchten, bis sie sich mit einander vermischen, und alles mit einander eins worden ist. In diesen Materien geschieht keine Unterschiedlichkeit oder Mannigfaltigkeit, noch Scheidung, alsdann wann die Erde vermischt ist mit dem Wasser wird sie sich bemühen zu erhalten was dicke ist, und das Subtile wird sich angelegen sein lassen zu reinigen die Seele mit dem Feuer, daß sie dasselbige erleiden und ausstehen kann. So wird auch der geborne Geist in den gemeldten Leibern sich bemühen und verlangen mit ihnen ausgebreitet zu werden, davon *Merlinus* mit mehrern redet.

Der vierte (Punkt) ist die Imprägnation oder Schwängerung, vermittelst der *Corruption*, geschieht die Herfürbringung des Kindes, oder da wird das Kind herfür gebracht demjenigen, was geboren ist, wird das Leben gegeben, und wenn es nicht geboren wäre, wäre ihm das Leben verweigert worden.

Der fünfte ist die Nahrung: denn wenn das Geschöpf aus Mutterleib kommen, hat es nötig genähret zu werden: erstlich mit Milch und einer vollkommen ihm bequemen Wärme. Damit es allmählich gestärket und confortieret werde, in dem man die Nahrung vermehret nach der Proportion des Wachstums. Denn je mehr die Beine stark werden, so kommt es zu seiner Jugend, und folglich zu seinem vollkommenen Alter, Wesen Größe, Kraft und Stärke.

Gleichfalls und durch eben solches Mittel muß man in dieser *Operation* und Werk auch tun; wisset, daß ohne Wärme nichts gezeuget oder herfür bracht werden kann, die allzugroße und brennennde Hitze verderbet und machet daß dasjenige davon fliehet, was mit ihm vereiniget ist. Welches aber so *temperieret* ist, machet, daß durch seine liebliche und angenehme Wärme die verderbten Feuchtigkeiten des Leibes weg genommen und vertrieben werden: darum sagt *Morienus*:

Was anfangs geboren, und an das Licht gebracht wird, das wird hernach ernähret und unterhalten. Das Feuer überwindet das Wasser, und der *Phoenix* reichet dar und verbrennet die Nahrung; derohalben wird auch unser Stein genennet der geborene Sohn, von welchem in dem Buch der *Turba* gesagt wird. Ehret euren König der da von dem Feuer kommt, krönet ihn mit einem Haupt-Schmuck und Krone, und erleuchtet ihn, bis er zu vollkommenen Alter komme, und lasset ihn ja nicht verbrennen, noch machet ihn davon fliehend durch allzu große Wärme. Denn so ihr ihn zu Zorn treibet und reizet, oder zu Erhitzung, wird er euch seine Regierung und Herrschaft wegnehmen, dessen die Sonne der Vater, und der Mond die Mutter ist, welchen der Wind in seinem Bauche getragen, und dessen Ernährerin die Erde ist, es ist aber wahr, daß er mit seiner eigenen Milch genähret wird, nämlich von dem Samen, davon er anfangs herkommen, lasset ihn derhalben oft *imbibieren* und *temperieren*, und zwar gar oft nach und nach von seinem *Mercurio*, bis er satt und zur genüge getrunken hat. Alsdann wie *Haly* sagt, ist der Leib Ursache, die *Tinctur* zu erhalten, und die *Tinctur* ist Ursache, daß die Farbe erscheinet, und die Farbe ist Ursache, daß er die *Tinctur* erweiset, in welcher das Licht ist, das Leben und Natur, weil dieses der rechte und kurze Weg oder Fußsteig ist, und die allergrößte Vollkommenheit unserer Materie, ja das Ende und Vollbringung unserer Kunst und unseres Werks.

O werter und insonderheit geliebter Freund, du kannst leichtlich und schwer verstehen die dunkeln Wörter der Philosophen, sintemal wir hiebevor dergestalt und also geredet, daß du wirst verstehn können, daß sie alle hierinnen einig sind und zusammen stimmen. Nämlich daß keine andere Kunst oder Mittel sei zu tun, als was ich gesagt und angezeiget habe. Nun hast du schon die *Solution* des Leibes und die *Reduction* oder Widerbringung desselben in seine erste Materie, hernach hast du desselben Verkehrung oder Verwandlung in die Erde, gleichfalls die Weißmachung der schwarzen Erde, und die Subtilmachung oder Veränderung in die Luft: denn alsdann geschieht die *Distillation* der Feuchtigkeit, die in ihm ist, und wird luftig, und von der Natur der Luft gemacht. Welche von der Erden aufsteiget, und die Erde bleibet *calcinieret*, alsdann ist es das Feuer der Natur, alsdann wirst du auch haben die Verwandlung der Seele mit dem Leibe, gleichfalls die Vermischung der Seele, des Leibes und des Geistes mit einander, und die Verkehrung oder Verwandlung derselben eines in das andere, denn es nimmt eine so große Vermehrung an, derer Nutz größer und fürtreflicher ist, als man nicht fassen noch begreifen kann durch einige vernünftige Ursache, welches es tut vermittelst und mit Hilfe
des Herrn, des Gebers aller Schätze, und Gnaden,
welcher in der Dreifaltigkeit alleine Gott ist,
der in unendliche Ewigkeit zu
Ewigkeit regieret,
Amen.

Ende.

Weitere Informationen und Publikationen finden Sie auf
www.aagw-gnostika.de